图 1-4　不同光照下的场景

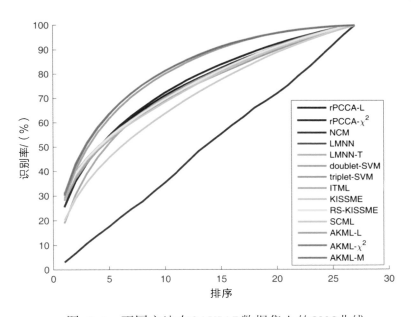

图 6-1　不同方法在CAVIAR数据集上的CMC曲线

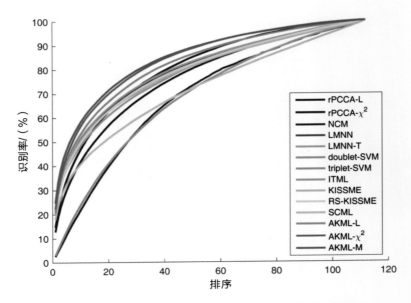

图 6-2　不同方法在3DPeS数据集上的CMC曲线

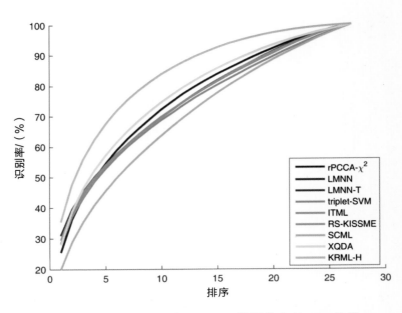

图 6-4　不同方法在CAVIAR数据集上的CMC曲线

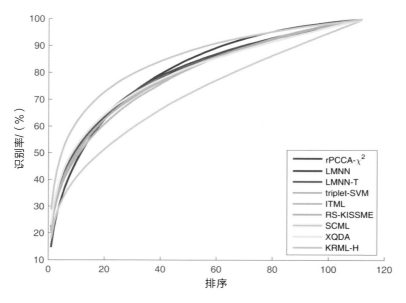

图 6-5 不同方法在3DPeS数据集上的CMC曲线

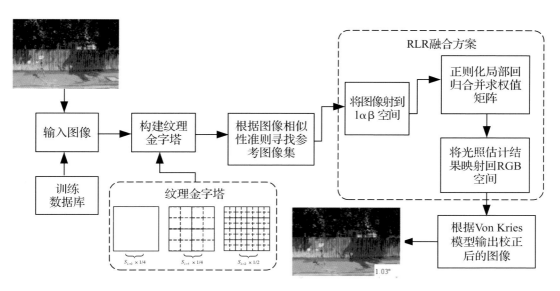

图 7-1 基于纹理金字塔与正则化局部回归的色彩恒常框图

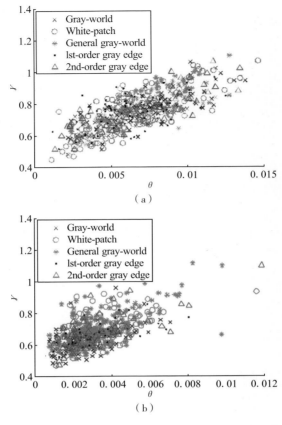

图 7-2 x 轴方向威布尔参数分布

（a）SFU数据库；（b）MS数据库

图 7-4 SFU数据库图像示例

图 7-5 MS数据库图像示例

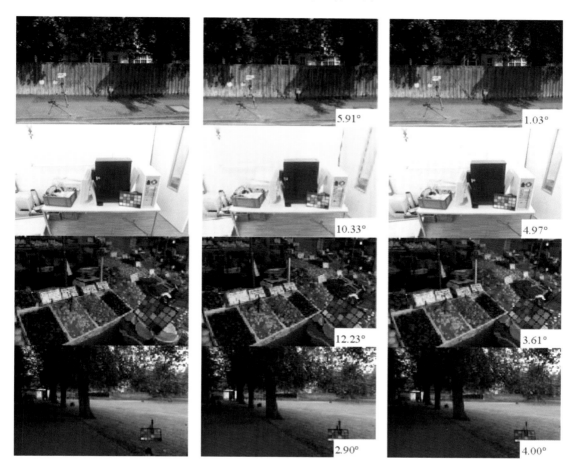

图 7-6 图像光照校正的实例比较

（a）原始图像； （b）LMS方法校正结果； （c）TPM-RLR方法校正结果

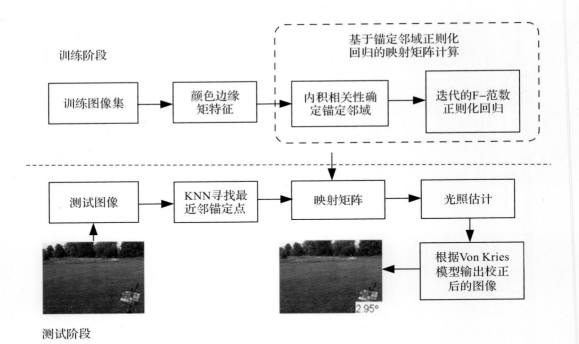

图 8-1 基于颜色边缘矩和锚定正则化回归的色彩恒常算法框图

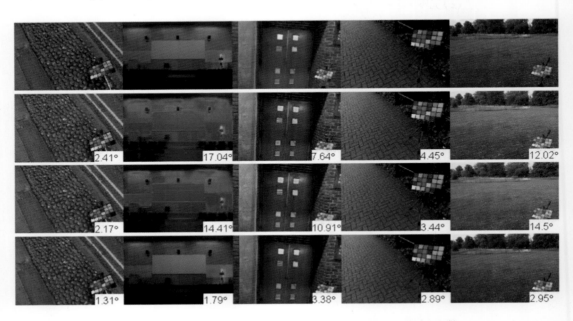

图 8-2 ColorChecker数据库上图像光照校正的实例比较

（a）原始图像； （b）TPS方法校正结果； （c）Moment Correction方法校正结果； （d）所提方法校正结果

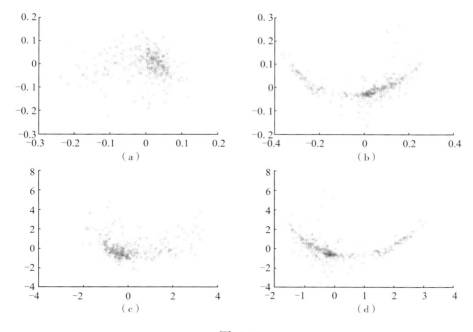

图 9-1

（a）原始空间上边缘矩特征分布； （b）原始空间上光照真值分布；
（c）光照一致空间上边缘矩特征分布； （d）光照一致空间上光照真值分布

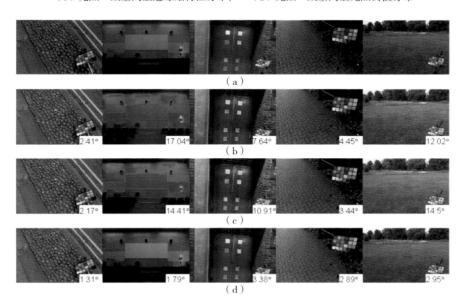

图 9-4 ColorChecker数据库上图像光照校正的实例比较

（a）原始图像； （b）TPS方法校正结果； （c）Moment Correction方法校正结果； （d）所提方法校正结果

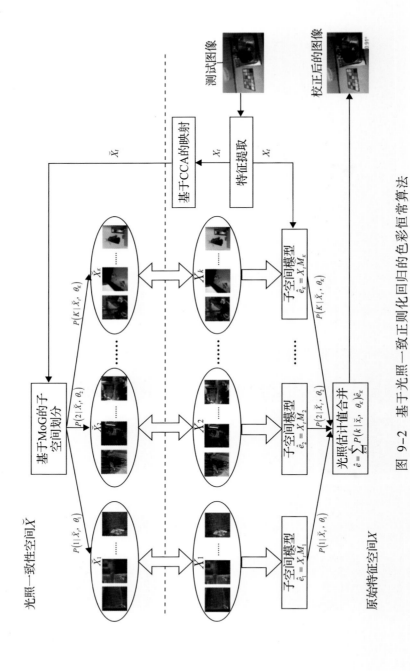

图9-2 基于光照一致正则化回归的色彩恒常算法

图像识别与色彩恒常计算

吴 萌 高天德 著

西北工业大学出版社

西 安

【内容简介】 本书是著者将近几年的研究成果归纳、扩充后整理而成的,以图像识别和与其密切相关的色彩恒常计算为主题,并结合多个具体的实验来阐述其相关的理论和算法。本书在分析图像识别系统关键模块的基础上,着重介绍了图像识别中的分类器设计以及色彩恒常计算中的回归方法,并广泛验证其在图像识别(包括人脸性别识别、行人再识别、物体识别和场景识别)以及色彩恒常性计算等方面的应用效果。全书分为 9 章,其中前两章为基础章节,第 3~6 章重点讨论图像识别,第 7~9 章讨论色彩恒常。

本书可作为工科院校相关专业的高年级本科生、研究生图像识别课程的参考书,也可供工程软件人员阅读参考。

图书在版编目(CIP)数据

图像识别与色彩恒常计算/吴萌,高天德著. —西安:西北工业大学出版社,2020.7
ISBN 978 - 7 - 5612 - 6495 - 9

Ⅰ.①图… Ⅱ.①吴… ②高… Ⅲ.①图像识别
Ⅳ.①TP391.413

中国版本图书馆 CIP 数据核字(2019)第 099324 号

TUXIANG SHIBIE YU SECAI HENGCHANG JISUAN
图 像 识 别 与 色 彩 恒 常 计 算

责任编辑:李阿盟		策划编辑:李阿盟	
责任校对:陈 瑶		装帧设计:李 飞	
出版发行:西北工业大学出版社			
通信地址:西安市友谊西路 127 号		邮编:710072	
电 话:(029)88491757,88493844			
网 址:www.nwpup.com			
印 刷 者:陕西向阳印务有限公司			
开 本:787 mm×960 mm		1/16	
印 张:9.375		彩插:8	
字 数:221 千字			
版 次:2020 年 7 月第 1 版		2020 年 7 月第 1 次印刷	
定 价:68.00 元			

前　言

移动设备的普及推动了移动互联网的蓬勃发展,其中以图像为载体的信息交流方式变得越来越普及。在国外,Facebook 早在 2013 年时总照片数已达 2 500 亿张,平均每天上传 3.5 亿张。在中国,2016 年,微信朋友圈日上传图片更是达到惊人的 10 亿张。面对海量的图片,如何自动分析图片,自动理解拍摄图像传达的语义信息是人们实际且迫切的需求。

图像识别作为解决这类问题不可或缺的手段,主要关心如何对图像中的物体及对其所处的场景进行分析判断。从这个角度出发,图像识别通常包括物体识别与场景识别。从识别对象上看,物体识别又包括个体识别、次级类别识别以及类别间的识别,如对人脸或一般物体的识别。场景识别(又称为场景分类)则是根据图像内容给出其代表的语义标签(如山脉、海岸线等),可为物体识别等任务提供有效的上下文信息。从图像拍摄的环境上讲,光照是影响图像质量的重要因素之一,常常会导致图像颜色的漂移。而颜色作为视觉信息中最为基础也最为直观的特征之一,已被广泛应用于各种图像识别任务中。对于一个视觉系统,色彩恒常的目的在于减小、甚至消除光照对图像颜色的影响,得到稳定的、对光照变化鲁棒的颜色信息。因此,非常有必要设计算法对图像进行光照预处理以解决光源变化带来的颜色漂移问题,从而实现更加精确的物体/场景描述来提高图像识别系统的性能。

对于一个图像识别系统而言,除特征之外,对分类器的设计尤为重要。本书结合近几年的研究热点,重点研究了线性表达分类器和基于度量学习的最近邻分类器两类分类器。典型的线性表达分类器将训练样本集看作一个字典,假定一个给定的测试(查询)样本由该字典中所有原子(型)的线性组合重构而成。通常,线性表达分类器在某个正则项的约束下通过最小化重建残差来确定组合系数。因此,字典的构造以及字典与查询图像的关系对识别尤为重要。为此,本书提出通过构造隐原型和多查询扩展的方法重新构造字典,提高分类器性能。最近邻分类器是应用最为广泛的分类器,其中对距离的定义至关重要。研究如何定义一个更好的距离就是度量学习。本书提出了多种线性和非线性的方法聚合 rank - 1 基矩阵的度量学习方法。

对于色彩恒常,一般采用两步来实现。首先估计光源色度,其次通过估计的光源色度纠正图像。早期的光源估计方法集中于如何依据物理特性假设而提出的单个算法,如灰度世界方法假定 RGB 三通道分量的平均值趋于同一灰度值。近几年来,基于学习的方法逐渐发挥效力,取得了比传统方法更好的效果,但算法复杂度却越来越高。在保证效率的前提下,本书提出基于锚点回归和光照一致正则化回归的光照估计方法以提升光源估计精度。同时，针对已经存在的多种单个方法，本书也提出通过局部回归的方式集成多种方法。

全书分为9章。第1章以典型的识别系统为例，重点介绍图像识别及色彩恒常的概念和研究现状。第2章详细介绍图像识别系统中的关键技术，如特征提取、分类器设计等，重点引出度量学习和线性表达分类器。第3章介绍如何构造隐原型线性表达分类器增强字典鉴别性，并给出其在人脸性别识别中的应用。第4章介绍如何将单查询图像扩展成多尺度查询图像，构造查询相关的类原型字典及相应协同表达分类器，并将其用在多种物体识别上。第5章介绍基于正则化线性判别分析的度量学习，并在场景识别中验证有效性。第6章介绍通过抽样样本构造非线性核化的 rank－1 基矩阵的度量学习方法，并在行人再识别中验证有效性。第7章介绍如何通过局部回归集成多种单个方法的色彩恒常方法。第8章介绍基于颜色边缘矩和锚定邻域正则化回归的色彩恒常方法。第9章则从光源一致性角度出发，在子空间中分别估计光源，进而融合最后的光源估计值，最后该方法的有效性得到了验证。

本书可作为工科院校相关专业的高年级本科生、研究生图像识别课程的参考书，也可供工程软件人员阅读参考。本书可帮助读者了解图像识别与色彩恒常计算的基本概念、典型方法和发展趋势，以及国内外相关领域的研究现状和一些最新研究成果与实用技术。

本书由吴萌、高天德撰写。其中，第1,2章由高天德撰写；第3～9章由吴萌撰写，全书由吴萌负责统稿。本书的出版得到了国家自然科学基金资助项目（编号：61503303）、中国博士后科学基金第65批面上项目（编号：2019M653744）、道路施工技术与装备教育部重点实验室开放基金项目（编号：300102259507）和中央高校基本科研业务费专项资金（项目号：G2015KY0102）的资助，在此一并表示衷心的感谢。

写作本书曾参阅了相关文献资料，在此，谨向其作者深致谢忱。

由于水平与能力有限，书中难免存在疏漏和不妥之处，敬请广大读者批评指正。

著 者

2019 年 10 月

目　　录

第1章 绪 论

1.1 图 像 识 别

人类从外界获得的信息中大约有75%来自视觉信息,这说明视觉是人类观察世界、认识世界最有效的方式。计算机视觉使用计算机模拟人类视觉功能,从一幅或多幅二维图像中,实现对客观三维世界的场景感知、识别和理解。由于计算机视觉具有的潜在应用十分广泛,所涉及的学科知识极其繁多,而研究的问题又极富挑战性,因此,它一直是计算机学科中的一个热门领域,并得到了许多研究人员极大的关注。目前,计算机视觉已在医学图像处理、工业检测、多媒体技术、遥感图像分析以及军事目标自动识别跟踪等领域得到了广泛的应用。

1.1.1 图像识别系统组成

通常,一个图像识别系统包括三个关键部分,即图像预处理、特征提取和分类决策,如图1-1所示。图像预处理旨在解决因为拍摄环境造成的图像模糊、变形、颜色变化等问题。特征提取,是指对图像的原始数据进行一定变换,提取到最能反映分类本质的特征。分类器设计,是指利用训练样本来按照某种分类准则对测试样本进行判别,并输出分类结果。

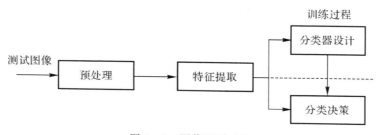

图1-1 图像识别系统

1.1.2 研究现状

图像识别作为计算机视觉领域中非常重要的一个组成部分,一直以来都是人们研究的热点问题。图像识别的目的是利用计算机自动识别图像中的物体及其所在的场景。从这个角度出发,图像识别通常包括物体识别与场景识别。就物体识别而言,从识别对象上看,涉及个体识别、次级(Subordinate Level)类别识别以及类别间的识别。其中,对个体识别的研究较为常见,应用最为广泛的当属生物特征识别,包括对指纹、虹膜、人脸和步态等多种对象的识别来鉴定个人身份。通常为了处理个体识别(如人脸识别)中存在的多姿态等复杂情况,往往需要首先对物体进行对齐(Alignment)操作以矫正到经典姿态。近几年来,学者们开始关注次级类别上的识别,其目的是在某一类物体上识别其包含的子类。这种对子类的识别,又被称为精细粒度的物体识别(Fine - grained Object Recognition),例如对鸟或树叶的种类(Species)进行识别。类别间的识别是在基础级别(Basic Level)上进行区分识别,即根据图像内容将其归类到某个预定义类别(如狗、苹果、汽车等)。上述三类物体识别的示例如图 1-2 所示。

查询图像   样例库图像

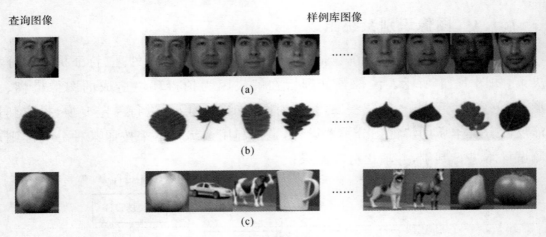

图 1-2 物体识别示例

(a)个体识别; (b)次级类别识别; (c)类别间的识别

场景识别是另外一类比较重要的图像识别,它对目标识别/检测、基于内容的图像检索(Content-based Image Retrieval,CBIR)等计算机视觉方面的应用具有重要意义,因此,近几年来获得了广泛关注。场景识别(又称为场景分类)是根据图像内容判断其代表的语义标签(如山脉、海岸线等)。如图 1-3 所示,给出了 8 类自然场景数据库上场景识别的示例。

查询图像

样例库图像

图 1-3 场景识别示例

当前图像识别任务还存在着很多需要攻克的难点,这些难点为研究人员指明了努力的方向。人脸作为一种特殊且应用最广泛的研究对象,基于人脸分析的各种识别任务(尤其是人脸识别)一直是物体识别领域的关注热点。目前,有两个方向值得人们去探索。其一是如何提取更具鉴别力的人脸特征,其二是挖掘人脸蕴藏的其他属性(如性别、年龄等)。对于次级类别识别和类别识别而言,实际拍摄到的物体往往由于受光照条件、拍摄角度、旋转、遮挡、尺度变换等因素的影响而具有较大的类内变化(Intra-class Variation),其识别难度会相应增大。针对这种复杂环境下的物体识别问题,研究者们的一种普遍解决思路是通过增加各种限制条件来提高识别率,如对多姿态下的人脸图像进行对齐操作以矫正到经典姿态下;增加测试样本个数以尽可能采集多个视角、姿态下的图像以增加数据多样性。鉴于此,如何在不增加额外限制的条件下,对复杂环境下拍摄的物体进行鲁棒识别是值得深入探索的一个方向。对于场景识别,一方面,由于同类场景中存在大致相同的结构元素,但其外观表现或元素的布局关系差异很大;另一方面,不同类场景可能具有较高的整体外观和形状相似度(如图 1-3 中所示的旷野和海岸两类场景往往都有大片蓝天)。如何正确理解场景语义需要同时考虑区分类内差异和类间相似。因此,经常采用多种特征(包括颜色、纹理和形状等)或多模态特征将场景图像表示为一个高维特征向量。在这个高维特征空间内,讨论如何学习一个合适的距离度量使得同类样本距离更近而异类样本距离更远以提高场景识别准确率是非常有意义的。

综上所述,图像识别是一个非常具有挑战性的课题。作为图像识别的重要组成部分,物体识别和场景识别还有很多亟待解决的难题,对其进行深入研究能够进一步推动计算机视觉研究领域的发展。

1.2 色彩恒常

1.2.1 色彩恒常性

众所周知,颜色作为视觉信息中最为基础也最为直观的特征之一,已被广泛用于各种图像识别任务中。但是,颜色也是一种极不稳定的特征,因为成像过程中光照条件的变化往往会导致图像中的物体及其所处场景的颜色与真实颜色之间出现一定程度的偏差。如图 1-4 所示,给出了同一场景在不同光源下的对比,图 1-4(a)和图 1-4(b)分别为在钨丝灯和类似蓝色天空的灯光下拍摄得到的同一场景图像。显然,不同光照使得物体上的颜色发生了变化,尤其是纸张和透明的玻璃球在两种光源下展现出迥然不同的色彩。

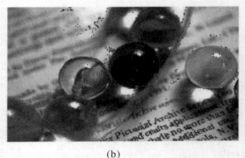

(a)   (b)

图 1-4　不同光照下的场景

已有足够的证据表明，人类视觉系统具有色彩恒常特性，即在不同的光照条件下，仍能感知到物体本身所固有的颜色。对于一个视觉系统，色彩恒常的目的在于减小、甚至消除光照对图像颜色的影响，得到稳定的、对光照变化鲁棒的颜色信息。因此，非常有必要设计算法对图像进行光照预处理以解决光源变化带来的颜色漂移问题，从而实现更加精确的物体/场景描述来提高图像识别系统的性能。

1.2.2　色彩恒常性计算

1. 朗伯特反射模型

一个成像设备获得的图像通常依赖于场景中的光源颜色、场景的物理内容以及成像设备的特性三个因素。根据理想的朗伯特（Lambertian）反射模型，图像上某一点的颜色 $\boldsymbol{\rho} = \begin{bmatrix} R & G & B \end{bmatrix}^{\mathrm{T}}$ 可通过在整个可见光范围内对光谱分布、物体表面的反射率以及相机的感光函数的乘积进行积分得到，即

$$\boldsymbol{\rho}(\boldsymbol{x}) = \int_{\omega} e(\lambda) s(\boldsymbol{x}, \lambda) \boldsymbol{c}(\lambda) \mathrm{d}\lambda \qquad (1-1)$$

式中，λ 为可见光谱的波长；$\boldsymbol{x}$ 为空间位置三维坐标；$e(\lambda)$ 为光源的光谱分布；$\boldsymbol{c}(\lambda) = \begin{bmatrix} R(\lambda) & G(\lambda) & B(\lambda) \end{bmatrix}^{\mathrm{T}}$ 为成像设备的感光函数；$s(\boldsymbol{x}, \lambda)$ 表示空间中点 $\boldsymbol{x}$ 处物体表面对波长为 λ 的光线的物理反射率。在不考虑成像设备本身对图像颜色的影响的情况下，色彩恒常就是估计成像时的光照颜色 $\boldsymbol{e}$：

$$\boldsymbol{e} = \int_{\omega} e(\lambda) \boldsymbol{c}(\lambda) \mathrm{d}\lambda \qquad (1-2)$$

由于在整个成像过程中 $e(\lambda)$ 和 $\boldsymbol{c}(\lambda)$ 都是未知的，所以色彩恒常问题显然是一个不适定问题。

2. 对角模型

通过某个色彩恒常算法估计出图像成像时的光照颜色后，紧接着要考虑的问题是如何将该图像转换到某一标准或已知光源下以消除光照的影响。常见的一种做法是通过 J. Von Kries 等人提出的 Von Kries 模型（又称对角模型）进行不同光照下图像颜色之间的转换。在不同光照下的图像颜色变换可以通过一个对角矩阵的乘积来完成。Von Kries 对角模型的定义如下：

$$\begin{bmatrix} R_c \\ G_c \\ B_c \end{bmatrix} = \begin{bmatrix} d_1 & 0 & 0 \\ 0 & d_2 & 0 \\ 0 & 0 & d_3 \end{bmatrix} \begin{bmatrix} R_u \\ G_u \\ B_u \end{bmatrix} \tag{1-3}$$

式中,$[R_u \quad G_u \quad B_u]^T$ 是校正前图像的 RGB 值;$[R_c \quad G_c \quad B_c]^T$ 是在标准白光 $[1/\sqrt{3} \quad 1/\sqrt{3} \quad 1/\sqrt{3}]^T$ 下校正后图像的 RGB 值,对角阵 $\begin{bmatrix} d_1 & 0 & 0 \\ 0 & d_2 & 0 \\ 0 & 0 & d_3 \end{bmatrix}$ 是校正增益。其中,$d_1 = \dfrac{1}{\sqrt{3}\hat{R}_t}$,$d_2 = \dfrac{1}{\sqrt{3}\hat{G}_t}$,$d_3 = \dfrac{1}{\sqrt{3}\hat{B}_t}$。

1.2.3 研究现状

通常存在两种实现色彩恒常性的方案,一种是基于颜色的不变性描述(Color Invariant Description),另一种则依赖图像的光照估计。颜色不变性描述不需要估计出图像的原始光照,而是直接从图像中提取与光照无关的颜色特征信息。而图像的光照估计一般包括两个步骤:首先从一幅未知光照下拍摄的图像估计出其光照值,然后将该图像映射到某一标准或已知光源下。图像的光照估计不但可以重建图像,还可以潜在地提取出对光照不变的颜色特征。从光照估计的研究方向出发,现有色彩恒常算法大致分为两类:基于物理特征的方法和基于统计特性的方法。基于物理特征的方法大都依赖简单的假设条件,根据图像底层特征进行光照估计,具有计算量小、实现速度快等优点,因而有着广泛的应用。典型地,这类算法通常认为光源特性或者物体表面反射特性满足一定的假设条件。而在实际情况下,基于特定假设的单个色彩恒常算法只对某些符合假设条件的图像能够获得较准确的光照估计。目前,还没有任何一种单个算法能够在现实生活中存在的大量图像集上都获取最优性能,且不同算法在同一图像上得到的光照估计结果差异又很大。

1.3 本书的内容和结构安排

图像识别系统主要包括预处理、特征提取和分类器设计三个关键模块,而且每一个模块都对图像识别性能有着至关重要的影响。本书在分析图像识别系统关键模块的基础上,着重考虑图像识别中的分类器设计以及色彩恒常计算中的回归方法,并广泛验证其在图像识别(包括人脸性别识别、物体识别、场景识别)以及色彩恒常性计算等方面的应用效果。本书分为 9 章,其中前两章为基础章节,第 3~6 章重点讨论图像识别,第 7~9 章讨论色彩恒常。本书的结构体系如下:

第 1 章以典型的识别系统为例,重点介绍图像识别及色彩恒常的相关概念和研究现状。

第 2 章详细介绍图像识别系统中的关键技术,如特征提取、分类器设计等,重点引出度量学习和线性表达分类器。

第 3 章介绍如何构造隐原型线性表达分类器增强字典鉴别性,并给出其在人脸性别识别中的应用。

第 4 章介绍如何将单查询图像扩展成多尺度查询图像,构造查询相关的类原型字典及相应协同表达分类器,并将其用在多种物体识别上。

第 5 章介绍基于正则化线性判别分析的度量学习,并在场景识别中验证有效性。

第 6 章介绍通过抽样样本构造非线性核化的 rank - 1 基矩阵的度量学习方法,并在行人再识别中验证有效性。

第 7 章介绍如何通过局部回归集成多种单个方法的色彩恒常方法。

第 8 章介绍基于颜色边缘矩和锚定邻域正则化回归的色彩恒常方法。

第 9 章则从光源一致性角度出发,在子空间中分别估计光源,进而融合最后的光源估计值,最后该方法的有效性得到验证。

第2章 图像特征提取与分类

2.1 图像特征

针对图像的底层特征,通常可以提取颜色、形状和纹理三种常见的基本特征。以下分别介绍这三类基本特征。

2.1.1 颜色特征

颜色特征是一种最直观的视觉特征,也是视觉最重要的感知特性之一。颜色特征不仅与图像中的物体和场景密切相关,而且对图像拍摄视角、方向、尺度的变化不敏感,因而具有一定的鲁棒性。因此,要考虑的是在哪种色彩空间提取颜色特征。大多数图像都是在 RGB 色彩空间进行描述的,但是由于 R/G/B 通道具有一定的通道间相关性,因此近几年人们也开始研究通道不相关的对立色彩空间(Opponent Color Space)。如在 $O_1O_2O_3$ 色彩空间中,O_1 是亮度(黑-白对立色)通道,O_2 是红-绿对立色通道,而 O_3 是蓝-黄对立色通道。常用的颜色特征包括颜色直方图(Color Histogram)、颜色矩(Color Moment)和颜色集(Color Sets)等。颜色直方图反映了不同颜色的统计分布,即各种颜色出现的概率。Swain 和 Ballard 最先提出应用颜色直方图进行图像特征提取的方法。颜色矩是另外一种有效的颜色特征,由 Stricker 和 Orengo 提出,该方法利用线性代数中矩的概念,将图像中的颜色分布用它的矩来表示。例如,利用颜色的一阶矩(平均值,Mean)、二阶矩(方差,Variance)和三阶矩(偏斜度,Skewness)等来描述颜色分布状况。颜色集的方法则由 Smith 和 Chang 提出,该方法将颜色转化到 HSV 色彩空间后,根据颜色信息将图像分割成若干区域,同时将颜色空间划分为多个 Bin,在每个 Bin 用量化颜色空间的某个颜色分量来索引,从而将图像表示为一个二进制图像颜色索引表。

2.1.2　纹理特征

纹理是描述图像中同质现象的视觉特征,刻画图像像素邻域灰度空间上的分布规律。目前,纹理特征的提取方法主要有统计分析方法、几何结构分析方法、模型分析方法和频谱分析方法四类。统计分析方法主要通过统计图像中像素的灰度分布规律(如粒度、方向性等)来描述纹理特征,如共生矩阵、Tamura 纹理、局部二值模式(Local Binary Pattern,LBP)特征等;几何结构分析方法则将纹理看作是纹理基元并分析纹理结构的排列,如利用 Voronio 图剖分提取纹理特征和利用结构法提取纹理基元等;模型分析方法则是假设纹理服从某种模型分布,进而可以通过模型的参数来分析,如通过随机场或威布尔分布(Weibull Distribution)来模拟纹理分布。频谱分析方法利用信号处理的频率分析理论在多尺度基础上来提取纹理特征,如小波变换、Gabor 滤波法等。

1. LBP 特征

局部二值模式(LBP)是一种用于描述图像局部纹理特征的算子,它不仅能充分表达图像的纹理,而且算法复杂度低,计算速度快,一定程度上不受光照变化的影响。因此,近年来 LBP 算子被广泛应用于各种人脸分析任务中。原始的 LBP 算子定义为,比较图像中的一个中心像素与其邻域(通常是 3×3 的窗口)的像素值,若周围像素值大于中心像素值,则该像素点的位置被标记为 1,否则被标记为0。采用 3×3 的邻域,就将中心像素的像素值转化为一个八位二进制序列,即为该像素的 LBP 值,并用这个值来反映该区域的纹理信息。一个基本的 LBP 算子如图 2-1 所示。

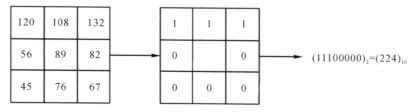

图 2-1　基本的 LBP 算子

为描述不同尺度的纹理特征,很多学者将多尺度信息融入基本的 LBP 算子中。Ojala 等人将原始的 3×3 邻域扩展到任意区域,提出了多尺度 LBP 算子(表示为$LBP_{P,R}$)。$LBP_{P,R}$首先在距离中心像素为 R 的圆形邻域内采样 P 个像素,然后与基本 LBP 算子一样通过与中心像素的对比确定编码。近来,Liao 等人提出了多尺度块 LBP 算子(Multi-scale Block Local Binary Patterns,MB-LBP),该算子用像素块灰度均值间的比较替代原始 LBP 算子像素间的比较。

2. LDP 特征

与 LBP 算子仅局限于像素层面的比较不同,局部方向模式(Local Directional Pattern,LDP)通过对比不同方向的边缘响应对图像进行编码。LDP 算子首先求出 8 个不同方向的 Kirsch 模板 W_i(各方向间的夹角为 45°,具体定义见式(2-1)。)对一个 3×3 邻域的边缘响应,然后将前 K 个最大的响应标记为 1,其余响应标记为 0。于是将中心像素的像素值转化为一个八位二进制序列,即为该像素的 LDP 值。LDP 的具体计算过程如图 2-2 所示。LDP 特征结构紧凑,描述能力强,且对非单调光照变化、随机噪声等具有一定的鲁棒性。

$$
\begin{bmatrix} -3 & -3 & 5 \\ -3 & 0 & 5 \\ -3 & -3 & 5 \end{bmatrix}
\begin{bmatrix} -3 & 5 & 5 \\ -3 & 0 & 5 \\ -3 & -3 & -3 \end{bmatrix}
\begin{bmatrix} 5 & 5 & 5 \\ -3 & 0 & -3 \\ -3 & -3 & -3 \end{bmatrix}
\begin{bmatrix} 5 & 5 & -3 \\ 5 & 0 & -3 \\ -3 & -3 & -3 \end{bmatrix}
$$

$$
\begin{bmatrix} 5 & -3 & -3 \\ 5 & 0 & -3 \\ 5 & -3 & -3 \end{bmatrix}
\begin{bmatrix} -3 & -3 & -3 \\ 5 & 0 & -3 \\ 5 & 5 & -3 \end{bmatrix}
\begin{bmatrix} -3 & -3 & -3 \\ -3 & 0 & -3 \\ 5 & 5 & 5 \end{bmatrix}
\begin{bmatrix} -3 & -3 & -3 \\ -3 & 0 & 5 \\ -3 & 5 & 5 \end{bmatrix}
$$

$$(2-1)$$

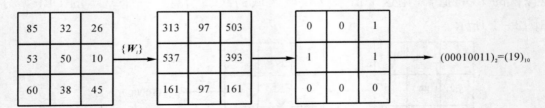

图 2-2　LDP 算子($K=3$)

2.1.3　形状特征

形状特征是描述图像的另一种重要特征。形状特征的提取通常是以图像中的边界或对区域的分割为基础的。当前描述形状的方法一般分为基于区域的形状描述方法和基于边界的形状描述方法。基于区域的形状描述方法注重几何形状的全局特征，描述形状局部特征的能力相对有限，比如几何不变矩、Legendre 矩、Zenike 矩、区域面积等。基于边界的形状描述方法主要利用形状的外边界来表示，常用的特征有链码、骨架、梯度方向直方图（Histogram of Oriented Gradient，HOG）特征等。

HOG 特征通过梯度或边缘方向的分布来描述物体的外观（Appearance）和形状（Shape）。HOG 特征的提取过程如下：首先将图像分割成若干个小单元格（Cell），然后统计每个 Cell 中所有像素的梯度方向直方图，再将这些直方图组合起来。另外，为提高 HOG 特征对光照变化、阴影等的鲁棒性，该特征进行了对比度归一化。具体地说，将多个 Cell 合并成一个较大的图像块（Block），计算该图像块上的直方图能量，并用该能量对每个块内所有 Cell 的直方图进行归一化，再级联形成最终的 HOG 特征。

一方面，面对数据的多样性和复杂性，将多种特征联合起来描述物体或场景内容是一种趋势。这种方法要解决的关键问题是如何对各种特征描述进行融合。一种与分类器完全不相关的传统做法是通过特征维数约简（Dimension Reduction）或特征选择（Feature Selection），另一种更好的方案则是为分类器去学习一个更好的度量，即度量学习（Metric Learning）。另一方面，从特征生成的角度出发，上述特征往往需要人工设计（Hand‐engineered），如 HOG 特征中的梯度计算以及 Gabor 特征中的卷积核设计。近几年来，学术界和工业界开始思考是否能够从样本中直接去学习特征。学习过程往往是以无监督的方法实现的，因而也被称为无监督特征学习（Unsupervised Feature Learning，UFL）。目前 UFL 已经被成功应用到场景文字检测和识别上。

2.2　分类器设计

2.2.1　KNN

K（K – Nearest Neighbor，KNN）近邻算法是模式分类领域中应用最广泛的算法之一。该算法的基本思路是，计算测试样本与所有训练样本的距离，选取 K 个最近训练样本，使用"投票"（Majority Vote）原则作为分类决策，即，K 个近邻中，多数样本的类别就是测试样本的类别。作为一种非参数的分类算法，KNN 具有简单、直观、易于实现等优点。KNN 是一种简单但性能较好的分类器，尤其当训练样本数足够大时，识别性能尤为突出。

显然，KNN 分类器的关键在于如何去定义一个距离度量，便于找到与测试样本最为相似的近邻。其中，欧氏距离、街区距离和 Cosine 距离是经常被用到的距离度量。但这些距离度量与数据分布是无关的，不会随着样本的变化而变化。因此，新的趋势是通过样本去学习一个度量进而优化分类效果。

2.2.2　线性表达分类器

假设有 C 类训练样本，第 c 类训练样本集合 $X_c = [x_1^c \quad x_2^c \quad \cdots \quad x_{n_c}^c] \in \mathbf{R}^{d \times n_c}$，$c = 1, 2, \cdots, C$。其中，$x_i^c$ 表示第 c 类的第 i 个训练样本，n_c 表示第 c 类样本的个数，d 表示特征维数，训练样本总数 $n = \sum\limits_{c=1}^{C} n_c$。将所有 C 类训练样本连接起来，可得到一个新的矩阵 X 来表示整个训练数据集，即

$$X = [X_1 \quad X_2 \quad \cdots \quad X_C] = [x_1^1 \quad x_2^1 \quad \cdots \quad x_{n_c}^c] \in \mathbf{R}^{d \times n} \tag{2-2}$$

线性表达分类器将训练样本集 X 看作一个字典，假设一个给定的测试样本 $y \in \mathbf{R}^d$ 可以表示为字典中所有原子的线性组合，即 $y \approx X\alpha$，其中 $\alpha \in \mathbf{R}^n$，为展开系数。为满足某种先验假设，线性表达分类器通常在某个正则项的约束下，通过最小化重建残差来寻找系数 α，其目标函数定义为

$$\hat{\alpha} = \arg \min_{\alpha} \| X\alpha - y \|_2^2 + \lambda \Phi(\alpha) \tag{2-3}$$

式中,$\Phi(\boldsymbol{\alpha})$ 为正则项;λ 为正则化参数。

不同的假设条件可以构造出不同的正则化项。例如,稀疏表达分类器(Sparse Representation Classification,SRC)假设来自第 c 类的测试样本 $\boldsymbol{y}$ 可以表示为此类所有训练样本的一个线性组合。于是,SRC 的优化模型通常表示为

$$\hat{\alpha} = \arg\min_{\boldsymbol{\alpha}} \parallel \boldsymbol{X\alpha} - \boldsymbol{y} \parallel_2^2 + \lambda \parallel \boldsymbol{\alpha} \parallel_1 \tag{2-4}$$

式中,l_1 范数 $\parallel \boldsymbol{\alpha} \parallel_1 = \sum\limits_{i=1}^n |\alpha_i|$,正则化参数 λ 用来平衡重建残差和系数稀疏度。SRC 假设求得的系数 $\boldsymbol{\alpha} = [0 \quad \cdots \quad 0 \quad \alpha_1^c \quad \cdots \quad \alpha_{n_c}^c \quad 0 \quad \cdots \quad 0]^{\mathrm{T}}$ 是稀疏的,只有 $\boldsymbol{y}$ 所属的第 c 类的训练样本系数不为 0。

与 SRC 不同,协同表达分类器(Collaborative Representation Classification,CRC)假设测试样本是由来自所有类的训练样本协同线性表示的,其优化模型为

$$\hat{\alpha} = \arg\min_{\boldsymbol{\alpha}} \parallel \boldsymbol{X\alpha} - \boldsymbol{y} \parallel_2^2 + \lambda \parallel \boldsymbol{\alpha} \parallel_2^2 \tag{2-5}$$

式中,l_2 范数 $\parallel \boldsymbol{\alpha} \parallel_2^2 = \sum\limits_{i=1}^n \alpha_i^2$。

在测试阶段,以重建残差最小的类别作为测试样本 $\boldsymbol{y}$ 的分类结果,即

$$\mathrm{ID}(\boldsymbol{y}) = \arg\min_c r_c(\boldsymbol{y}) = \arg\min \parallel \boldsymbol{y} - \boldsymbol{X}_c \delta_c(\hat{\boldsymbol{\alpha}}) \parallel_2 \tag{2-6}$$

式中,$r_c(\boldsymbol{y})$ 表示第 c 类训练样本的重建残差;$\delta_c(\bullet)$ 表示只选择与第 c 类训练样本系数相关的特征函数。CRC 中,重建残差 $r_c(\boldsymbol{y}) = \parallel \boldsymbol{y} - \boldsymbol{X}_c \delta_c(\hat{\boldsymbol{\alpha}}) \parallel_2 / \parallel \delta_c(\hat{\boldsymbol{\alpha}}) \parallel_2$。

2.3　距离度量学习

2.3.1　距离度量学习

度量函数实质上是一个从向量空间 $\mathbf{X}$ 到空间 $\mathbf{R}_0^+$ 的映射:$\mathbf{X} \times \mathbf{X} \rightarrow \mathbf{R}_0^+$,这个函数给出了两个向量之间标量距离的大小。对于任意向量 $\boldsymbol{x}_i, \boldsymbol{x}_j, \boldsymbol{x}_k \in \mathbf{X}$,一个度量必须满足以下四个性质:

(1) $d(\boldsymbol{x}_i, \boldsymbol{x}_j) + d(\boldsymbol{x}_j, \boldsymbol{x}_k) \geqslant d(\boldsymbol{x}_i, \boldsymbol{x}_k)$(三角不等式);

(2) $d(\boldsymbol{x}_i, \boldsymbol{x}_j) \geqslant 0$(非负性);

(3)$d(\boldsymbol{x}_i, \boldsymbol{x}_j) = d(\boldsymbol{x}_j, \boldsymbol{x}_i)$（对称性）;

(4)$d(\boldsymbol{x}_i, \boldsymbol{x}_j) = 0 \Leftrightarrow \boldsymbol{x}_i = \boldsymbol{x}_j$（同一性）。

容易证明,常见的欧氏距离满足上述四个性质。尽管欧氏距离计算简便,但是它假设数据是呈高斯同性分布的,这样的假设条件在实际中往往难以满足。与欧氏距离不同,马氏距离(Mahalanobis Distance)考虑了特征维度之间的相关性,允许在特征空间上的线性尺度变换和旋转。对于不同的数据集,马氏距离可以更好地度量样本之间的距离,从而提高分类器的准确率。

任意两个样本 $\boldsymbol{x}_i, \boldsymbol{x}_j \in \mathbf{R}^d$ 之间的马氏距离定义为

$$d_A(\boldsymbol{x}_i, \boldsymbol{x}_j) = \sqrt{(\boldsymbol{x}_i - \boldsymbol{x}_j)^T \boldsymbol{A}(\boldsymbol{x}_i - \boldsymbol{x}_j)} \tag{2-7}$$

式中,马氏距离的参数矩阵 $\boldsymbol{A} \in \mathbf{R}^{d \times d}$ 是半正定(Positive Semi-definite,PSD)矩阵。距离度量学习的目标是在于寻找"最佳"的距离度量矩阵 $\boldsymbol{A}$,计算不同样本在马氏测度意义下的距离,以提高分类的准确性。显然,当 $\boldsymbol{A}$ 为单位矩阵 $\boldsymbol{I}$ 时,马氏距离退化为欧氏距离。采用矩阵分解,$\boldsymbol{A} = \boldsymbol{W}^T\boldsymbol{W}$,则式(2-7)重写为

$$d_A(\boldsymbol{x}_i, \boldsymbol{x}_j) = d_W(\boldsymbol{x}_i, \boldsymbol{x}_j) = \sqrt{(\boldsymbol{x}_i - \boldsymbol{x}_j)^T \boldsymbol{W}^T\boldsymbol{W}(\boldsymbol{x}_i - \boldsymbol{x}_j)} = $$
$$\sqrt{(\boldsymbol{W}\boldsymbol{x}_i - \boldsymbol{W}\boldsymbol{x}_j)^T (\boldsymbol{W}\boldsymbol{x}_i - \boldsymbol{W}\boldsymbol{x}_j)} \tag{2-8}$$

式中,$\boldsymbol{W} \in \mathbf{R}^{d \times q}$ 称为线性变换矩阵。由式(2-8)可知,距离度量学习也可看作通过对样本进行线性变换获取另一种更具类别区分性表示形式的问题。因此,应用广泛的线性降维(维数约简)方法也可看作是距离度量学习算法。

2.3.2　典型的距离度量学习

主成分分析(Principal Component Analysis,PCA)可看作是最简单的一种基于线性维数约简(Linear Discriminant Reduction,LDR)的度量学习算法,它通过式(2-8)中定义的变换矩阵 $\boldsymbol{W}$ 将输入数据沿着最大变化的方向投影到低维的子空间,再在该子空间上计算样本间的马氏距离。PCA 的目标函数定义为

$$\left. \begin{array}{l} \arg\max_W \mathrm{tr}(\boldsymbol{W}^T\boldsymbol{\Sigma}\boldsymbol{W}) \\ \text{s. t. } \boldsymbol{W}^T\boldsymbol{W} = \boldsymbol{I} \end{array} \right\} \tag{2-9}$$

式中,$\boldsymbol{\Sigma} = \frac{1}{n}\sum_{i=1}^{n}(\boldsymbol{x}_i - \boldsymbol{\mu})(\boldsymbol{x}_i - \boldsymbol{\mu})^T$ 是协方差矩阵;$\boldsymbol{\mu} = \frac{1}{n}\sum_{i=1}^{n}\boldsymbol{x}_i$ 为样本均值;n 为训

练样本数。式（2 - 9）的解由协方差矩阵 $\boldsymbol{\Sigma}$ 前几个最大特征值所对应的特征向量组成。

LDA 是另外一种常见的 LDR 度量学习算法，它利用监督信息来计算最佳判别投影方向，使得投影后的样本在新的空间有最大的类间距离和最小的类内距离。LDA 的目标函数是

$$
\left.\begin{aligned}
&\arg\max_{\boldsymbol{W}}\ \frac{\mathrm{tr}(\boldsymbol{W}^{\mathrm{T}}\boldsymbol{\Sigma}_B\boldsymbol{W})}{\mathrm{tr}(\boldsymbol{W}^{\mathrm{T}}\boldsymbol{\Sigma}_W\boldsymbol{W})}\\
&\mathrm{s.\,t.}\ \boldsymbol{W}^{\mathrm{T}}\boldsymbol{W}=\boldsymbol{I}
\end{aligned}\right\}
\tag{2 - 10}
$$

式中，$\boldsymbol{\Sigma}_B=\dfrac{1}{s}\sum\limits_{c=1}^{s}\boldsymbol{\mu}_c\boldsymbol{\mu}_c^{\mathrm{T}}$ 和 $\boldsymbol{\Sigma}_W=\dfrac{1}{n}\sum\limits_{c=1}^{s}\sum\limits_{i\in\Omega_c}(\boldsymbol{x}_i-\boldsymbol{\mu}_c)(\boldsymbol{x}_i-\boldsymbol{\mu}_c)^{\mathrm{T}}$ 分别表示类间与类内散布矩阵；$\boldsymbol{\mu}_c$ 表示第 c 类样本集 Ω_c 的均值。式（2 - 10）的解由 $\boldsymbol{\Sigma}_W^{-1}\boldsymbol{\Sigma}_B$ 前几个最大特征值所对应的特征向量组成。

尽管与传统的基于 ML 的方法相比，基于 LDR 的度量学习算法计算简单、易于实现，但是这类方法并不能有效解决常见的小样本问题引起的过拟合。基于 ML 的方法大多利用标注样本信息或者边信息，优化特定约束条件下的目标函数寻找距离度量矩阵。边信息通常是以样本对的形式存在的标注信息。每一条边信息用来确定一对样本是否相似。Xing 等人[6]利用边信息，通过马氏距离度量学习，减小同类样本之间距离，加大异类样本之间距离，将度量学习问题转化为一个凸优化问题。大间隔最近邻算法（Large Margin Nearest Neighbor，LMNN）在 NCA 的基础上拓展了最大边界的目标，将训练样本分为正、负两类，优化正、负数据样本之间的边界。LMNN 的基本思想是惩罚同类样本间的大距离和异类样本间的小距离。对于每个输入样本 $\boldsymbol{x}_i$，使其 K 个目标近邻点 $\boldsymbol{x}_j$（"Target" Points）尽可能地接近，而那些入侵样本点 $\boldsymbol{x}_k$（"Imposter" Points）应尽可能地远离该输入样本（即与目标近邻点保持一个单位的距离间隔）。LMNN 算法的优化函数定义为

$$
\arg\min_{\boldsymbol{A}}\sum_{ij}\eta_{ij}d_{\boldsymbol{A}}^2(\boldsymbol{x}_i,\boldsymbol{x}_j)+\boldsymbol{\mu}\sum_{il}\eta_{il}(1-y_{il})\xi_{ijl}(\boldsymbol{A})
\tag{2 - 11}
$$

式中，$\xi_{ijl}=\max\{0,1+d_{\boldsymbol{A}}^2(\boldsymbol{x}_i,\boldsymbol{x}_j)-d_{\boldsymbol{A}}^2(\boldsymbol{x}_i,\boldsymbol{x}_l)\}$；二值变量 $\eta_{ij}\in\{1,0\}$ 表示 $\boldsymbol{x}_i$ 是否为 $\boldsymbol{x}_j$ 的目标近邻，若是则为 1，否则为 0；$\boldsymbol{\mu}$ 为权重。

2.4　回归器设计

2.4.1　最小二乘法

给定包含 n 个样本的输入向量集 $\boldsymbol{X} = \begin{bmatrix} \boldsymbol{x}_1 & \boldsymbol{x}_2 & \cdots & \boldsymbol{x}_n \end{bmatrix}$，通过以下模型来预测输出：

$$\hat{\boldsymbol{y}} = \hat{\boldsymbol{\alpha}}_0 + \sum_{i=1}^{n} \boldsymbol{x}_i \hat{\boldsymbol{\alpha}}_i \tag{2-12}$$

式中，$\hat{\boldsymbol{\alpha}}_0$ 是截距，也叫偏置（bias）。通常，在 $\boldsymbol{X}$ 中包含一个常数变量 1，在系数向量 $\hat{\boldsymbol{\alpha}}$ 中包含是方便的。这样，式（2-12）可以写成

$$\hat{\boldsymbol{y}} = \boldsymbol{X}^{\mathrm{T}} \hat{\boldsymbol{\alpha}} \tag{2-13}$$

最小二乘法选择系数 $\boldsymbol{\alpha}$，使得残差的二次方和最小：

$$\mathrm{RSS}(\boldsymbol{\alpha}) = \sum_{i=1}^{n} (y_i - \boldsymbol{x}_i^{\mathrm{T}} \boldsymbol{\alpha})^2 \tag{2-14}$$

$\mathrm{RSS}(\boldsymbol{\alpha})$ 是参数的二次函数，因此极小值总是存在，但可能不唯一。解用矩阵形式最容易刻画。式（2-14）可以写为

$$\mathrm{RSS}(\boldsymbol{\alpha}) = (\boldsymbol{y} - \boldsymbol{X}\boldsymbol{\alpha})^{\mathrm{T}} (\boldsymbol{y} - \boldsymbol{X}\boldsymbol{\alpha}) \tag{2-15}$$

如果 $\boldsymbol{X}^{\mathrm{T}}\boldsymbol{X}$ 是非奇异的，则唯一解为

$$\hat{\boldsymbol{\alpha}} = (\boldsymbol{X}^{\mathrm{T}}\boldsymbol{X})^{-1} \boldsymbol{X}^{\mathrm{T}} \boldsymbol{y} \tag{2-16}$$

2.4.2　正则项设计

计算机视觉中的分类/回归问题属于有监督的学习问题（Supervised Learning），需要从输入/输出的样本对中学习到能够描述两者关系的映射函数。从泛函分析的角度出发，挑选最优的映射函数往往都是不适定（Ill-posed）问题。20 世纪 60 年代，Tikhonov 最早提出了解决不适定问题的正则化方法（Regularizaiton），即通过某些含有解的先验知识的非负辅助泛函来使解稳定。先验知识一般假设输入/输出映射函数是光滑的，这就意味着相似的输入会具有相似的输出。随着 20 世纪 80 年代机器学习的兴起，除了在回归算法中的应用，将

正则化项引入使其满足一定假设的设计思想渗透在各种分类器设计方法中,并衍生出许多著名的算法,如支持向量机、SRC 和 CRC 等。对于一个 C 类分类问题,这些分类器可以统一表示为以下模型:

$$\hat{\boldsymbol{\alpha}} = \arg\min_{\boldsymbol{\alpha}} \Psi(\boldsymbol{X}, \boldsymbol{\alpha}, \boldsymbol{y}) + \lambda \Phi(\boldsymbol{\alpha}) \tag{2-17}$$

式中,$\boldsymbol{X} = [\boldsymbol{x}_1 \quad \boldsymbol{x}_2 \quad \cdots \quad \boldsymbol{x}_n] \in \mathbf{R}^{d \times n}$ 为 n 个训练样本;$\boldsymbol{y} \in \mathbf{R}^d$ 为测试样本;$\boldsymbol{\alpha} \in \mathbf{R}^n$ 和 $\lambda > 0$ 分别为展开系数和正则化参数;$\Psi(\boldsymbol{X}, \boldsymbol{\alpha}, \boldsymbol{y})$ 和 $\Phi(\boldsymbol{\alpha})$ 分别表示保真项(损失函数)和正则项。依据正则项的数学表达形式,常见的正则化技术通常包含以下几类:

(1)l_2 范数正则化 $\Phi(\boldsymbol{\alpha}) = \sum_i \boldsymbol{\alpha}_i^2 = \|\boldsymbol{\alpha}\|_2^2$:$l_2$ 范数正则化被用在岭回归(Ridge Regression)中,可以获得比较稳定的光滑解。最早的 Tikhonov 正则化也属于这一类。另外,SVM 和 CRC 也是应用这一正则化项的典型分类器。

(2)l_1 范数正则化 $\Phi(\boldsymbol{\alpha}) = \sum_i |\boldsymbol{\alpha}_i|$:Tibshirani 首先提出了套索(Lasso)概念,其中就采用 l_1 范数约束。通常该正则化项会产生一个稀疏的解,因而具备特征选择功能。近几年随着人们对稀疏编码的深入研究,l_1 正则项的应用越来越广泛,其中最为经典的应用之一当属 SRC 分类器。

(3)l_1-l_2 组合范数正则化 $\Phi(\boldsymbol{\alpha}) = \lambda_1 \sum_i |\boldsymbol{\alpha}_i| + \lambda_2 \sum_i \boldsymbol{\alpha}_i^2$:$l_1$-$l_2$ 正则项是前两类的结合。对于"大 d 小 n"问题(特征维数 d 大于样本数量 n),套索最多可以选择 n 维特征。另外,对于一组高相关的特征,套索通常仅会从该组中选取一维特征。为解决这些问题,Zou 等人提出在套索的基础上,增加岭回归中的 l_2 范数约束,形成弹性网(Elastic Net)。

(4)$l_{2,1}$ 范数正则化 $\Phi(\alpha) = \sum_{c=1}^C \|\boldsymbol{\alpha}_c\|_2$:同样结合前两种正则化项,Yuan 和 Lin 提出了组套索(Group Lasso)概念,按照特征组来选择特征。在此基础上,Majumdar 等人提出了一种群组稀疏表达分类器(Group Sparse Representation based Classifier,GSRC)。

如图 2-3 所示,给出了上述几类正则化项的示意图。针对特定的图像识别问题,采用不同的正则项对识别性能影响很大,因而为其构建合适的正则项具有重要的研究意义。

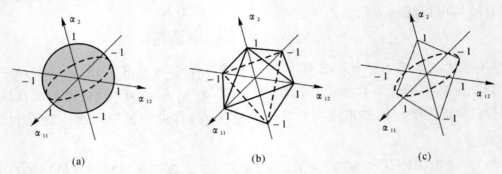

图 2-3 不同的正则化项

(a)l_2 范数正则化; (b)l_1 范数正则化; (c)$l_{2,1}$ 范数正则化

需要指出的是,正则化理论和统计学习理论(Statistical Learning Theory,STL)是相关联的。STL 从概率论角度讨论一个函数模型的泛化能力,将式(2-17)中的损失函数看作经验风险。仅仅最小化经验风险会使得模型出现过拟合(Overfitting)。此时,即使训练误差趋于 0,但其泛化能力反而变差。Vapnik 等人提出结构风险最小化,增加了对模型复杂度的控制,式(2-17)中的正则化项可以认为是对模型的一种约束控制。

第3章 基于隐原型的线性表达分类器的人脸性别识别

3.1 引　言

　　人脸作为人类最重要且最特殊的生物特征之一,蕴藏着非常丰富的视觉信息,如身份、年龄、性别、表情等,因此基于人脸图像的各类识别问题一直备受关注。本章以人脸这种特定物体为研究对象,重点讨论基于人脸的性别识别问题。人脸性别识别是一个根据人脸面部特征判别其性别的模式识别问题,在视频监控、智能人机交互(Human Computer Interaction,HCI)以及人口统计信息采集等方面都有着巨大的潜在应用。

　　基于人脸的性别识别方法大致分为两类:基于几何的方法(Geometry based Methods)与基于外观的方法(Appearance based Methods)。基于几何的方法通过从人脸图像中提取的显著几何特征点(如眼睛、鼻子、嘴巴等)来描述人脸的形状结构。但是,当人脸图像存在遮挡、较大的表情和姿态变化时,很难抽取稳定的特征。基于外观的方法利用整张人脸图像提取判别特征,具有较强的描述能力。如图3-1所示,一个典型的基于外观的人脸性别识别系统通常包括以下几个步骤:人脸检测、人脸对齐、特征提取及模式分类。性别识别中,通常采用由 Viola 与 Jones 提出的级联人脸检测器(Cascaded Face Detector)可实现较准确的人脸检测。人脸对齐既可手动实现,也可通过计算机自动实现,有文献指出,人脸对齐对性别识别的准确率不会产生太大的影响。因此,人脸特征提取和分类方法是人脸性别识别中要研究的两个关键问题。

　　性别识别和人脸识别一样,都需要寻找有鉴别力而又稳定的面部特征,只是最终的识别任务不同而已。目前的人脸图像性别特征提取与分类方法大部分来源于人脸识别的特征提取与分类方法。人脸识别中广泛使用的一些特征,如基于局部二值模式（Local Binary Pattern，LBP）和梯度方向直方图（Histogram of Oriented Gradients，HOG）的特征，已经被成功应用到人脸性别识别中。此外，支持向量机（SVM）和 Adaboost 是性别识别中最常采用的分类器。

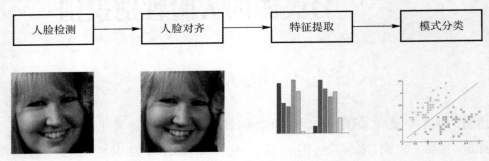

图 3-1　一个典型的人脸性别识别系统示意图

3.2　基于多尺度学习模式的人脸特征

3.2.1　多尺度学习模式

真实环境下采集到的人脸图像由于遮挡、光照、表情和姿态变化等因素的影响，往往存在较大的外观变化，进而给基于人脸图像的性别识别任务带来了巨大的挑战。针对现有人脸特征的缺点，旨在设计一种稳定且具有较强描述能力的人脸特征。与 LBP，LDP 等人工设计特征不同，通过学习一组多尺度模板（滤波器）来提取蕴藏在人脸图像中最具鉴别力的信息。为了自适应地捕获人脸图像中的固有变化，将采用一种基于特征学习的算法，该算法通过从训练图像中随机采样得到的一系列图像块来学习这组滤波器。假设这些图像块服从某个特定的分布，期望用合适的模型来描述这个分布。

受无监督特征学习启发，所采用的方法具体步骤如下：

(1) 从训练集中随机采集一系列图像块，即 $\tilde{z}_j$；

(2) 对 $\tilde{z}_j$ 进行预处理（如白化）后，生成 z_j；

(3) 在 z_j 上应用一种无监督学习算法学习到一组卷积模板，记为 w_m。

　　具体地说,首先从训练集中随机提取出 J 个尺寸为 $l \times l$ 的图像块,将其像素按列展开成一维向量后记为 $\tilde{z}_j \in \mathbf{R}^{l^2}$, $j=1,2,\cdots,J$。再对每个向量 $\tilde{z}_j$ 进行亮度归一化和对比度归一化后,使用零相位成分分析(Zero - phase Components Analysis, ZCA)进行白化得到 z_j。将 z_j 连起来构成一个图像块集合 $\boldsymbol{Z} = \{z_1 \quad z_2 \quad \cdots \quad z_J\}$。

　　在无监督学习阶段,分别考虑以下几种不同的算法来生成卷积模板 w_m, $m=1,2,\cdots,M$。

1. 主成分分析算法

　　主成分分析(Principal Component Analysis, PCA)将这些输入图像块视为符合高斯分布的随机变量,因此仅仅最小化二阶统计特性。给定图像块集合 $\boldsymbol{Z}$, PCA 致力于寻找一个低维子空间,该子空间的基图像(特征向量)对应着原始空间的最大变化方向。由 PCA 算法学习得到的模板是输入数据协方差矩阵的前 M 个最大特征值对应的特征向量。$\boldsymbol{Z}$ 的协方差矩阵 $\boldsymbol{S}_T$ 定义为

$$\boldsymbol{S}_T = \frac{1}{J} \sum_{j=1}^{J} (z_j - \boldsymbol{\mu})(z_j - \boldsymbol{\mu})^{\mathrm{T}} \tag{3-1}$$

式中, $\boldsymbol{\mu} = \sum_{j=1}^{J} z_j / J$ 为所有输入图像块 z_j 的均值。

2. 独立成分分析算法

　　如果实际中图像块 z_j 是非高斯分布的,那么 PCA 基向量将不会对应着原空间最大变化方向。在这种情况下,独立成分分析(Independent Component Analysis, ICA)不失为一个较好的选择。ICA 通过同时最小化输入数据的二阶和更高阶统计特性,来寻找统计上相互独立的基向量。ICA 的模型可以表示为

$$\min_{\boldsymbol{W}} \sum_{j=1}^{J} \sum_{i=1}^{M} G(w_i^{\mathrm{T}} z_j) \quad \text{满足} \quad \boldsymbol{W}^{\mathrm{T}} \boldsymbol{W} = \boldsymbol{I} \tag{3-2}$$

式中, $G(\cdot)$ 是一个非线性的凸函数;基图像 w_m 对应矩阵 $\boldsymbol{W} = [w_1 \quad w_2 \quad \cdots \quad w_M]$ 的列向量;正交性约束 $\boldsymbol{W}^{\mathrm{T}} \boldsymbol{W} = \boldsymbol{I}$ 防止这些基图像产生退化现象。

3. K 均值(K - means)聚类算法

　　由于 PCA 和 ICA 算法均无法生成过完备向量(即基向量的个数大于输入数据

的维数），因此考虑采用 K 均值聚类算法来生成过完备基向量。本章采用一种改进的 K 均值聚类算法，该算法已被成功用于场景文本检测与识别中。这种改进的 K 均值聚类生成一个字典 $W \in \mathbf{R}^{l^2 \times M}$，该字典包含的原子即为归一化的基向量 w_m。另外，采用内积而不是欧氏距离作为相似性测度来生成基图像 w_m，$m = 1, 2, \cdots, M$。这种改进的 K 均值聚类算法的目标函数定义为

$$\min_{\mathbf{W}, \mathbf{s}_j} \sum_j \| \mathbf{W}\mathbf{s}_j - \mathbf{z}_j \|^2 \quad \text{满足} \quad \| \mathbf{s}_j \|_1 = \| \mathbf{s}_j \|_\infty, \quad \| \mathbf{w}_m \|_2 = 1 \quad (3-3)$$

式中，$\mathbf{s}_j$ 是向量 $\mathbf{z}_j$ 对应的一位热码编码（One Hot Encoding）。与传统的 K 均值算法一样，采用迭代的方式轮流优化 $\mathbf{W}$ 和 $\mathbf{s}_j$ 来求解式(3-3)。

图 3-2 给出了分别采用上述三种算法学习得到的尺寸为 5×5 的滤波器组（模板）。由图 3-2 可以看出，这些模板是具有频率选择性与方向选择性的。实验中，只选取了前 8 个模板，即 $M = 8$。一般来说，由于图像块的尺寸是固定大小的，于是相应地从这些图像块中学习到的模板尺寸也是固定的。为充分捕捉人脸图像中的性别特征信息，将通过上述特征学习算法生成 L 种不同尺度的模板。

图 3-2　在 Gallagher's 数据库上分别采用 PCA(第一行)，ICA(第二行)和
K-means(第三行)学习到的尺寸为 5×5 的模板

3.2.2　人脸表示

根据 3.2.1 小节介绍的某一种算法生成 M 个尺度为 $l \times l$ 的模板 $w_m^{(l)}$ 后，用这些模板与原人脸图像进行卷积可获得 M 个响应图像。无监督特征学习算法通常先将这些响应图像按像素展开后连接形成一个高维特征向量，然后再采用

Spatial Pooling 或 Adaboost 进行维数约简。本章并不采用这种简单的方式构造特征。受到 LDP 的启发,将采用一种基于顺序约束的编码方式,这样既能大幅降低特征维数又能保留人脸图像中最具鉴别力的信息。首先将同一像素位置上对应的 M 个响应值按照强度大小进行排序,再选择 K 个最显著的响应标记为 1,其余则标记为 0。以这种方式,将一幅图像中每个位置的像素值转化为一个 M 位二进制序列。对原始图像的编码可以表示为

$$E^{(l)}(i,j) = \sum_{m=1}^{M} \delta(R_m^{(l)}(i,j))2^{m-1}, \quad \delta(x) = \begin{cases} 1, & x \in H_K(i,j) \\ 0, & x \notin H_K(i,j) \end{cases} \tag{3-4}$$

式中,$E^{(l)}$ 为编码后图像的十进制表示;$H_K(i,j)$ 表示像素点 (i,j) 的前 K 个显著响应集合;$R_m^{(l)} = O \otimes w_m^{(l)}$;$O$ 为原图像。 显然,这种编码方式仅会生成 $\dfrac{M!}{K!\,(M-K)!}$ 种不同的模式。

　　本章所提的多尺度学习模式(MSLP)特征的提取过程如图 3-3 所示。给定一幅原始图像 O,首先根据一种无监督学习算法(PCA,ICA 或 K-means)生成 L 种不同尺度的滤波器组 $w^{(l)}$;再利用这些滤波器对原始图像进行滤波得到响应图像 $R^{(l)}$;接着,根据式(3-4)对响应图像进行编码后生成 $E^{(l)}$;然后,将 L 幅编码图像分割成不重叠的图像块,将这些图像块上的直方图特征连接起来形成一个直方图特征 $x^{(l)} \in R^q$;最后,将不同尺度上的直方图级联起来形成 MSLP 人脸特征 $x \in R^d, d = qL$。对于 n 个训练样本,特征矩阵为 $X = [\begin{array}{cccc} x_1 & x_2 & \cdots & x_n \end{array}] \in R^{d \times n}$。

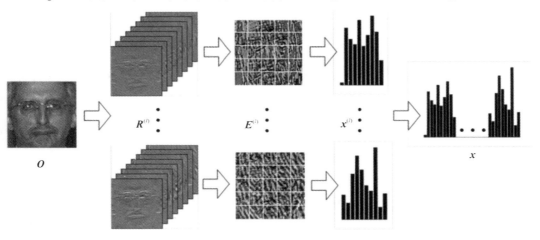

图 3-3　多尺度学习模式(MSLP)特征提取过程框图

3.3　基于隐原型的线性表达分类器

3.3.1　基于偏最小二乘法的线性表达分类器

与 2.2.2 小节中介绍的几种常见的线性表达分类器不同,基于隐原型的线性表达分类器将不直接在原始训练样本集上对测试样本进行编码,而是尝试从训练集中提取最具代表性的信息形成一个新的字典。这个过程可以看作是原型生成或维数约简,去除冗余和变量间相关的共同特征以减小训练样本集规模,而又尽量保留原始训练样本集的有效鉴别信息。为此,提出将偏最小二乘法(Partial Least Squares,PLS)引入线性表达分类器中。通过偏最小二乘法提取训练集中的潜在成分(Latent Factor,又称潜变量、得分向量),不仅能压缩原始数据集,还消除了对系统解释无意义的干扰信息。

PLS 最早由 Wold 等人提出,主要用来研究单因变量或多因变量对多自变量的回归建模问题。PLS 的基本思想是,在回归建模过程中采用了信息综合与筛选技术,在变量系统中提取若干对系统具有最佳解释能力的潜在成分。令 $\boldsymbol{X} \in \mathbf{R}^{d \times n}$ 和 $\boldsymbol{y} \in \mathbf{R}^d$ 分别表示训练样本集和测试样本,对 $\boldsymbol{X}$ 和 $\boldsymbol{y}$ 取均值后得到 $\boldsymbol{X}_0 = \boldsymbol{X} - 1 \cdot \bar{\boldsymbol{X}}$ 和 $\boldsymbol{y}_0 = \boldsymbol{y} - 1 \cdot \bar{\boldsymbol{y}}$。PLS 将 $\boldsymbol{X}_0$ 与 $\boldsymbol{y}_0$ 分解为

$$\left. \begin{aligned} \boldsymbol{X}_0 &= \boldsymbol{T}\boldsymbol{P}^{\mathrm{T}} + \boldsymbol{E} \\ \boldsymbol{y}_0 &= \boldsymbol{U}\boldsymbol{q}^{\mathrm{T}} + \boldsymbol{f} \end{aligned} \right\} \tag{3-5}$$

式中,矩阵 $\boldsymbol{T} = [\boldsymbol{t}_1 \quad \boldsymbol{t}_2 \quad \cdots \quad \boldsymbol{t}_p] \in \mathbf{R}^{d \times p}$ 和 $\boldsymbol{U} = [\boldsymbol{u}_1 \quad \boldsymbol{u}_2 \quad \cdots \quad \boldsymbol{u}_p] \in \mathbf{R}^{d \times p}$ 分别对应着从 $\boldsymbol{X}_0$ 和 $\boldsymbol{y}_0$ 抽取的 p 个潜变量;矩阵 $\boldsymbol{P} \in \mathbf{R}^{n \times p}$ 和向量 $\boldsymbol{q} \in \mathbf{R}^p$ 分别表示 $\boldsymbol{X}_0$ 和 $\boldsymbol{y}_0$ 的载荷;矩阵 $\boldsymbol{E} \in \mathbf{R}^{d \times n}$ 和向量 $\boldsymbol{f} \in \mathbf{R}^d$ 表示残差。

PLS 从 $\boldsymbol{X}_0$ 和 $\boldsymbol{y}_0$ 提取各自的潜变量,它们分别为自变量与因变量的线性组合。这两组潜变量一般要满足以下条件:① 两组潜变量分别最大限度地携带自变量和因变量的变异信息;②它们之间的相关程度达到最大。通常,存在很多种提取潜变量的 PLS 算法,其中最常用的两种算法为,非线性迭代偏最小二乘法(Nonlinear Iterative Partial Least Squares,NIPLS)和简单偏最小二乘法(Simple

Partial Least Squares，SIMPLS）。鉴于 SIMPLS 比 NIPLS 更加高效，故采用 SIMPLS 来提取潜变量。PLS 对每一维度的计算采用迭代的方式进行，在迭代计算中互相利用对方的信息，每一次迭代不断根据 $\boldsymbol{X}_0$ 和 $\boldsymbol{y}_0$ 的剩余信息（即残差）调整潜变量 $\boldsymbol{t}_i$ 和 $\boldsymbol{u}_i$ 进行第二轮的成分提取，直到残差矩阵中的元素绝对值近似为零，回归精度满足要求时，则算法停止。若最终对 $\boldsymbol{X}_0$ 提取了 p 个潜在成分 $\boldsymbol{t}_i, i=1,2,\cdots,p$，PLS 假设 $\boldsymbol{y}_0$ 可表示为对这 p 个成分的回归，则 $\boldsymbol{T}$ 和 $\boldsymbol{U}$ 之间满足以下关系：

$$\boldsymbol{U}=\boldsymbol{TV}+\boldsymbol{H} \tag{3-6}$$

式中，$\boldsymbol{V}$ 是一个 $p \times p$ 阶的对角阵；$\boldsymbol{H} \in \mathbf{R}^{d \times p}$ 为残差矩阵。将式（3-6）代入式（3-5），可得

$$\boldsymbol{y}_0=\boldsymbol{TVq}^{\mathrm{T}}+(\boldsymbol{Hq}^{\mathrm{T}}+\boldsymbol{f})=\boldsymbol{Tc}^{\mathrm{T}}+\boldsymbol{f}^* \tag{3-7}$$

式中，$\boldsymbol{c}^{\mathrm{T}}=\boldsymbol{Vq}^{\mathrm{T}}$ 是关于潜变量 $\boldsymbol{T}$ 的回归系数；$\boldsymbol{f}^*=\boldsymbol{Hq}^{\mathrm{T}}+\boldsymbol{f}$ 表示残差。根据式（3-7），PLS 回归模型也可表示为

$$\boldsymbol{y}_0=\boldsymbol{X}_0\boldsymbol{\beta}_0+\boldsymbol{f}^* \tag{3-8}$$

式中，$\boldsymbol{\beta}_0=\boldsymbol{X}_0^{\mathrm{T}}\boldsymbol{U}\,(\boldsymbol{T}^{\mathrm{T}}\boldsymbol{X}_0\boldsymbol{X}_0^{\mathrm{T}}\boldsymbol{U})^{-1}\boldsymbol{T}^{\mathrm{T}}\boldsymbol{y}_0$ 表示 $\boldsymbol{y}_0$ 在 $\boldsymbol{X}_0$ 上的回归系数。整理式（3-8），可得

$$\boldsymbol{y}=1 \cdot \bar{\boldsymbol{y}}+(\boldsymbol{X}-1 \cdot \bar{\boldsymbol{X}})\boldsymbol{\beta}_0+\boldsymbol{f}^*=[1,\boldsymbol{X}]\boldsymbol{\beta}+\boldsymbol{f}^* \tag{3-9}$$

式中，$\boldsymbol{\beta}=\begin{bmatrix}\boldsymbol{\beta}_1 & \boldsymbol{\beta}_0^{\mathrm{T}}\end{bmatrix}^{\mathrm{T}}$；$\boldsymbol{\beta}_1=\bar{\boldsymbol{y}}-\bar{\boldsymbol{X}}\boldsymbol{\beta}_0$。

在测试阶段，样本 $\boldsymbol{y}$ 的类别被判定为具有最小重建残差的那一类，即

$$\mathrm{ID}(\boldsymbol{y})=\arg\min_c r_c(\boldsymbol{y})=\arg\min_c \parallel \boldsymbol{y}-[1,\boldsymbol{X}_c][\boldsymbol{\beta}_1,\delta_c(\hat{\boldsymbol{\beta}})]^{\mathrm{T}} \parallel_2 \tag{3-10}$$

根据式（3-5），LRC_PLS 分类器仅需调节一个参数，即潜变量个数 p，且通常 $p \ll n$。因此，在实际应用中 LRC_PLS 具有较快的运行速度。

3.3.2 基于群组的 LRC_PLS 分类器

线性表达分类器大多用于判定单个测试样本的类别，笔者认为这种分类器是基于单个样本的分类（Individual - based Classification）。而基于群组的分类（Group - based Classification）任务则是同时标记多个测试样本的类别，且假设这些测试样本属于同一类。群组分类常用于辅助分类决策，以提高分类精度，且已

被广泛应用于多个领域,如语音识别、光学字符识别、文件分类和遥感技术等。本小节中,将 LRC_PLS 分类器扩展为群组分类器(GLRC_PLS)以提高识别效果。Samsudin 等人提出两种方案实现基于群组的 K 近邻分类器。但是,笔者不能直接采用他们的方案,因为如果在每个测试样本上都用 LRC_PLS 进行分类将会耗费大量时间。笔者采用 LRC_PLS 的多元形式将其扩展为能处理多个测试样本的群组分类器,同时提出一种"赢者通吃"(Winner – Take – All,WTA)策略,即最小规范化残差准则(Minimum Normalized Residual,MNR),来合并单个测试样本的判定结果。

令矩阵 $\boldsymbol{Y}=\begin{bmatrix}\boldsymbol{y}_1 & \boldsymbol{y}_2 & \cdots & \boldsymbol{y}_k\end{bmatrix}\in \mathbf{R}^{d\times k}$ 表示 k 个测试样本集,对 $\boldsymbol{Y}$ 去均值化后得到 $\boldsymbol{Y}_0=\boldsymbol{Y}-\mathbf{1}\cdot\bar{\boldsymbol{Y}}$。将式(3-5)中的向量 $\boldsymbol{y}_0$ 替换为矩阵 $\boldsymbol{Y}_0$,则很容易求得 $\boldsymbol{Y}_0$ 关于 $\boldsymbol{X}_0$ 的回归系数 $\boldsymbol{B}_0$,则有

$$\boldsymbol{B}_0 = \boldsymbol{X}_0^{\mathrm{T}}\boldsymbol{U}\ (\boldsymbol{T}^{\mathrm{T}}\boldsymbol{X}_0\boldsymbol{X}_0^{\mathrm{T}}\boldsymbol{U})^{-1}\boldsymbol{T}^{\mathrm{T}}\boldsymbol{Y}_0 \tag{3-11}$$

与上一小节的推理过程类似,可以得到 $\boldsymbol{Y}$ 在原始训练数据集 $\boldsymbol{X}$ 上的回归系数 $\boldsymbol{B}=\begin{bmatrix}\boldsymbol{b}_1 & \boldsymbol{b}_2 & \cdots & \boldsymbol{b}_k\end{bmatrix}=\begin{bmatrix}(\bar{\boldsymbol{Y}}-\bar{\boldsymbol{X}}\boldsymbol{B}_0^{\mathrm{T}})^{\mathrm{T}} & \boldsymbol{B}_0^{\mathrm{T}}\end{bmatrix}^{\mathrm{T}}$。

对于测试样本集中的第 i 个样本 $\boldsymbol{y}_i$,第 c 类的重建残差为

$$r_c^i(\boldsymbol{y}_i) = \parallel \boldsymbol{y}_i-\begin{bmatrix}\boldsymbol{I} & \boldsymbol{X}_c\end{bmatrix}\begin{bmatrix}\boldsymbol{b}_i^1 & \delta_c(\boldsymbol{b}_i)\end{bmatrix}^{\mathrm{T}} \parallel_2 \tag{3-12}$$

式中,$\boldsymbol{b}_i^1$ 表示向量 $\boldsymbol{b}_i$ 的第一个元素。

为便于后续比较,采用 l_2 范数对残差 r_c^i 进行规范化。其计算公式为

$$\bar{r}_c^i = \frac{r_c^i}{\sqrt{\displaystyle\sum_{c=1}^{C} r_c^{i2}}} \tag{3-13}$$

对于测试样本集 $\boldsymbol{Y}$,第 c 类的最小规范化残差为

$$\hat{r}_c = \min_i(\bar{r}_c^i) \tag{3-14}$$

最后,测试样本集的类别可由下式判定:

$$\mathrm{ID}(\boldsymbol{Y}) = \arg\min_c(\hat{r}_c) \tag{3-15}$$

显然,当 $k=1$ 时,GLRC_PLS 退化为 LRC_PLS。

3.4　实验结果与分析

为了验证本章提出的基于 MSLP 人脸特征与偏最小二乘线性表达分类器的性别识别算法的有效性,在几个不同环境下采集到的人脸图像集上与相关的性别识别算法进行对比实验。首先,简要介绍了实验所采用的数据库及各种算法的参数设置;其次,在单个数据库(Single Database)实验与跨数据库(Cross Database)实验中详细分析和比较了分别采用不同特征与分类器算法的性能;最后,评价了 GLRC_PLS 分类器的性能。

3.4.1　实验数据集与参数设置

当前,绝大部分人脸性别识别算法都是在拍摄环境严格控制的条件下获得的数据库上进行测试的。但是,这类数据库中的人脸图像并不能有效代表实际环境下采集到的真实人脸图像。通常,在不受限条件下拍摄的人脸图像往往存在分辨率低、遮挡、光照、表情和姿态变化较大等特点,于是增加了性别识别的难度。另外,在受限环境下的数据库上表现良好的性别识别算法未必能顺利地移植到真实人脸库上。因此,为客观比较和评估各种性别识别算法的性能,分别在受限环境和不受限环境中获取的三个数据库上进行实验。这三个数据库分别是 FERET 人脸库、PAL 人脸库及 Gallagher's 人脸库。其中,前两个数据库中的人脸图像是在受限条件下拍摄的,且被广泛用来评价性别识别算法的性能。而由 Gallagher 等人提供的第三个数据库则是由现实生活中的人脸图像组成的。图 3-4 给出了这三个数据库中的人脸图像示例。

FERET 人脸库共包含 994 人(591 位男性和 403 位女性)不同表情、年龄和光照条件下的人脸图像。从该数据集的 fa 子集中仅为每人挑选一幅图像。由于所采用的人脸检测算法漏检 PAL 人脸库共包含了一幅女性人脸图像,实际上一共选取了 402 幅女性人脸图像。28 位男性和 352 位女性人脸图像。该数据集中的图像采集自不同种族和各个年龄段的人群,并依据年龄划分为四组,即 18～29 岁,30～49 岁,50～69 岁及 70～93 岁这四个年龄段。同样地,实验中只给每人选取一幅图像。

鉴于 FERET 人脸库和 PAL 人脸库均是在受限条件下获取的,为便于进行跨数据库实验(Cross Database Tests),将这两个数据库合并起来形成一个规模更大的受限条件下的数据库,称为 Fused 数据库。

图 3-4 FERET(第一行),PAL(第二行)和 Gallagher's(第三行)数据库中的人脸样本示例

Gallagher's 人脸库是从 Flickr 上采集的,共包括 28 231 幅现实生活中的人脸图像,且每幅图像被人工标注了性别和所在年龄段。由于这些人脸图像是在不受限条件下获取的,因此存在显著的外观变化,如遮挡、面部表情和姿态变化、年龄及种族差异等。相比于 FERET 和 PAL 数据库,Gallagher's 数据库上的性别识别难度最大。实验中,为滤掉图像质量较低的低分辨率图像,只考虑瞳孔间距超过 55 个像素且检测到的人脸像尺寸大于 100×100 像素的图像,最终选取的数据集共包含 657 位女性和 494 位男性的人脸图像。

为验证所提出的 MSLP 特征的有效性,将其与现有的相关特征,如原始像素、HOG、LDP 与 LBP 等进行比较实验。利用 Viola 和 Jones 所提的级联人脸检测算法将检测到的人脸像统一裁剪为 100×100 像素的图像。除原始像素外,其余所有特征的编码图像均被划分为 5×5 个不重叠的图像块,再进行直方图统计。HOG 特征采用 20 个梯度方向(Bin)统计每个单元格的梯度方向直方图。对于 MSLP 特征,采用两种不同尺度的模板(分别为 5×5 和 7×7 像素),在每一尺度下选取前 8 个模板(即 $M=8$),且 $K=3$。采用 PCA 对所有特征作维数约简。另外,还比较了不同线性表达分类器在人脸性别识别上的性能。所比较的分类器主要包括 SRC,GSRC,CRC 和本章所提的 LRC_PLS 及 GLRC_PLS 分类器。其中,SRC,GSRC 与 CRC 的正则化参数 λ 从集合 $\{10^{-6},10^{-5},10^{-4},10^{-3},10^{-2},10^{-1},10^{0}\}$ 中选取,LRC_PLS 的参数 p 的候选集合为 $\{7,\cdots,15\}$。

3.4.2　单个数据库实验结果

为了验证通过不同算法(PCA,ICA 或 K-means)生成的三种 MSLP 特征(分别表示为 MSLP_PCA,MSLP_ICA 和 MSLP_KME)以及 LRC_PLS 分类器的有效性,在四个不同的人脸库上与相关的性别识别算法进行比较实验。实验中,采用五折交叉验证的方法为 SRC,GSRC,CRC 和 LRC_PLS 选择最优的参数。

图 3-5~图 3-8 分别为 FERET,PAL,Fused 以及 Gallagher's 数据库上各种性别识别算法的准确率随特征维数变化的示意图。显然,在这四个数据库上无论采用何种线性表达分类器,MSLP_PCA 和 MSLP_ICA 特征的识别率都远远高于其他几种特征;在 Gallagher's 数据库上 MSLP_KME 的性能与 LBP 特征相差无几,而在其他数据库上则优于所有人工设计特征。这主要归功于多尺度学习模板能够充分捕捉人脸图像中的固有变化。另外,实验结果还表明由 K-means 学习的过完备基图像(模板)在真实人脸图像集上表现不佳。对于由完备基图像生成的特征,MSLP_ICA 略微优于 MSLP_PCA。对比图 3-5 和图 3-6 可知,在 PAL 数据库上采用相同特征(尤其是原始像素)和分类器的识别精度一般都低于 FERET 数据库上的。这是因为 PAL 数据库中的人脸像来自年龄分布较广的人群,相比 FERET 数据库有着相对较大的类内变化。这与文献[6]中的结论一致,即成年人的人脸图像比幼年和老年人的人脸图像更易判定性别。而在最具挑战性的 Gallagher's 数据库上,所有特征的识别率均显著下降(见图 3-8)。另外,所有性别识别算法的准确率都会随着特征维数增加而升高,但是当特征维数增加到

一定程度时,算法的识别率都逐渐趋于稳定。接着,通过比较不同的线性表达分类器,可发现两种稀疏分类器,即 SRC 与 GSRC,它们的识别性能非常接近。在小数据集上(即 FERET,PAL 和 Gallagher's 数据库),SRC,GSRC 和 LRC_PLS 的分类精度高于 CRC,而在样本数量最多的 Fused 数据库上,CRC 与 LRC_PLS 的识别效果则优于稀疏分类器。这是因为 CRC 需要更多与测试图像相似的训练样本来实现协同表达才能更好地重构测试样本。值得一提的是,笔者所提的 LRC_PLS 分类器表现稳定,不管训练集规模大小,其识别率总是名列前茅。

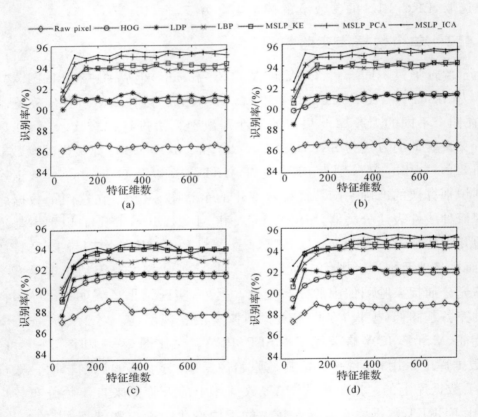

图 3-5 FERET 数据库上不同特征采用 SRC,GSRC,CRC,LRC_PLS 时的
性别识别结果比较
(a) SRC; (b) GSRC; (c) CRC; (d) LRC_PLS

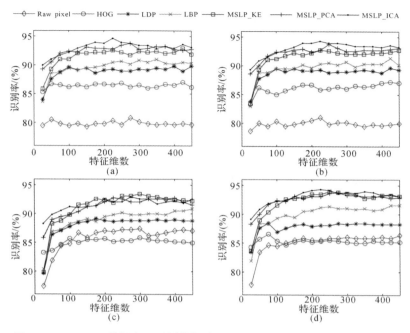

图 3 - 6　FERET 数据库上不同特征采用 SRC,GSRC,CRC,LRC_PLS 时的
　　　　　性别识别结果比较
　　　　　(a) SRC;　(b) GSRC;　(c) CRC;　(d) LRC_PLS

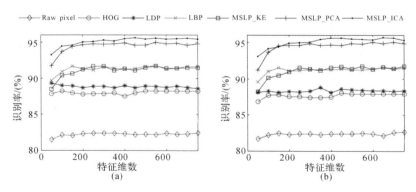

图 3 - 7　Fused 数据库上不同特征采用 SRC,GSRC,CRC,LRC_PLS 时的
　　　　　性别识别结果比较
　　　　　(a) SRC;　(b) GSRC

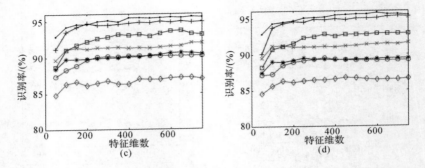

续图 3-7 Fused 数据库上不同特征采用 SRC,GSRC,CRC,LRC_PLS 时的
性别识别结果比较

(c) CRC；　(d) LRC_PLS

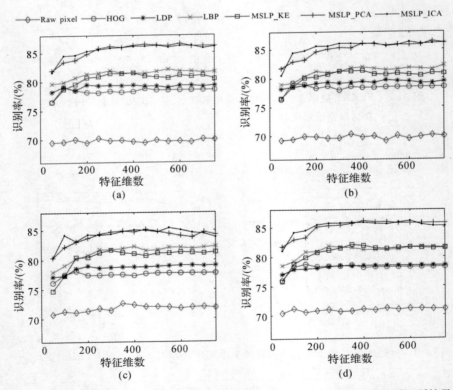

图 3-8 Gallagher's 数据库上不同特征采用 SRC,GSRC,CRC,LRC_PLS 时的性别识别结果比较

(a) SRC；　(b) GSRC；　(c) CRC；　(d) LRC_PLS

表 3-1～表 3-4 给出了这四个数据库上各种性别识别算法获得的最高识别率及相应的参数配置。可以看出,在这四个数据库上无论采用何种分类器,MSLP 特征总是获得最高的识别率。例如,在 FERET 人脸库上,MSLP_ICA＋LRC_PLS 方法获得了 95.77％的最高识别率;在 PAL 数据库上,MSLP_ICA＋SRC 方法获得了 94.65％的最高识别率;在 Fused 数据库上,MSLP_ICA＋LRC_PLS 方法获得了 95.74％的最高识别率;在 Gallagher's 数据库上,MSLP_PCA＋SRC 方法获得了 86.53％的最高识别率。LBP 是人工设计特征中表现最佳的。在 Fused 和 Gallagher's 数据库上,MSLP_ICA 比 LBP 的识别率分别提高了至少 3.9％ 和 3.8％。对于 LBP 和 MSLP 特征,采用 LRC_PLS 分类器时可以获得最大的识别率增幅,而采用 CRC 分类器时倾向获得最小的识别率增幅。在 Fused 数据库上,MSLP_ICA＋LRC_PLS 比 LBP＋LRC_PLS 的识别率提高了 4.5％,而 MSLP_ICA＋CRC 比 LBP＋CRC 的识别率仅仅提高了 3.9％;在 Gallagher's 数据库上,MSLP_ICA＋LRC_PLS 比 LBP＋LRC_PLS 的识别率提高了 5.2％,而 MSLP_ICA＋CRC 比 LBP＋CRC 的识别率只提高了 3.8％。此外,MSLP_ICA 特征的识别率的标准差总是低于 LBP 的,反映出多尺度学习特征对于不同环境下采集的人脸图像具有较好的鲁棒性。

表 3-1　FERET 数据库上不同方法获得的最高识别率及对应的参数配置

分类器	特　征	识别率/(％)	参　数
SRC	Raw Pixel	86.81±3.90	$D=200, \lambda=10^{-3}$
	HOG	91.04±1.80	$D=200, \lambda=10^{-5}$
	LDP	91.65±2.17	$D=350, \lambda=10^{-3}$
	LBP	94.16±2.17	$D=450, \lambda=10^{-6}$
	MSLP_KME	94.36±1.78	$D=500, \lambda=10^{-3}$
	MSLP_PCA	95.27±1.68	$D=500, \lambda=10^{-4}$
	MSLP_ICA	95.37±2.04	$D=750, \lambda=10^{-6}$

续 表

分类器	特 征	识别率/(%)	参 数
GSRC	Raw Pixel	86.81 ± 3.22	$D = 250, \lambda = 10^{-6}$
	HOG	91.24 ± 1.80	$D = 500, \lambda = 10^{-3}$
	LDP	91.34 ± 1.94	$D = 350, \lambda = 10^{-2}$
	LBP	94.16 ± 2.14	$D = 650, \lambda = 10^{-5}$
	MSLP_KME	94.36 ± 2.05	$D = 350, \lambda = 10^{-2}$
	MSLP_PCA	95.37 ± 1.96	$D = 750, \lambda = 10^{-3}$
	MSLP_ICA	95.57 ± 1.56	$D = 350, \lambda = 10^{-4}$
CRC	Raw Pixel	86.43 ± 3.83	$D = 250, \lambda = 10^{-2}$
	HOG	91.85 ± 2.52	$D = 400, \lambda = 10^{-1}$
	LDP	91.94 ± 1.27	$D = 250, \lambda = 10^{-1}$
	LBP	93.45 ± 2.19	$D = 600, \lambda = 10^{-1}$
	MSLP_KME	94.26 ± 2.20	$D = 450, \lambda = 10^{-1}$
	MSLP_PCA	94.77 ± 2.02	$D = 500, \lambda = 10^{-6}$
	MSLP_ICA	94.76 ± 1.54	$D = 350, \lambda = 10^{-6}$
LRC_PLS	Raw Pixel	89.83 ± 4.03	$D = 450, p = 11$
	HOG	91.75 ± 2.78	$D = 300, p = 9$
	LDP	92.25 ± 1.90	$D = 600, p = 10$
	LBP	94.36 ± 2.42	$D = 300, p = 9$
	MSLP_KME	94.87 ± 1.81	$D = 400, p = 13$
	MSLP_PCA	95.67 ± 1.97	$D = 350, p = 9$
	MSLP_ICA	95.57 ± 1.61	$D = 350, p = 9$

表 3－2　PAL 数据库上不同方法获得的最高识别率及对应的参数配置

分类器	特　征	识别率/(%)	参　数
SRC	Raw Pixel	80.84±4.48	$D=275, \lambda=10^{-6}$
	HOG	87.06±5.13	$D=425, \lambda=10^{-3}$
	LDP	89.84±3.18	$D=450, \lambda=10^{-3}$
	LBP	91.03±2.78	$D=350, \lambda=10^{-2}$
	MSLP_KME	92.93±0.95	$D=425, \lambda=10^{-3}$
	MSLP_PCA	93.78±1.91	$D=275, \lambda=10^{-4}$
	MSLP_ICA	94.65±1.88	$D=225, \lambda=10^{-4}$
GSRC	Raw Pixel	81.01±4.52	$D=225, \lambda=10^{-5}$
	HOG	87.23±4.25	$D=425, \lambda=10^{-2}$
	LDP	89.66±2.45	$D=425, \lambda=10^{-2}$
	LBP	91.37±3.40	$D=425, \lambda=10^{-6}$
	MSLP_KME	92.75±1.48	$D=450, \lambda=10^{-4}$
	MSLP_PCA	93.79±2.26	$D=250, \lambda=10^{-5}$
	MSLP_ICA	94.31±1.89	$D=225, \lambda=10^{-4}$
CRC	Raw Pixel	87.41±3.48	$D=300, \lambda=10^{-2}$
	HOG	85.85±3.85	$D=300, \lambda=10^{-1}$
	LDP	89.14±1.69	$D=175, \lambda=10^{-1}$
	LBP	90.86±1.58	$D=450, \lambda=10^{-2}$
	MSLP_KME	93.45±1.29	$D=300, \lambda=10^{-2}$
	MSLP_PCA	92.75±1.60	$D=225, \lambda=10^{-2}$
	MSLP_ICA	92.92±1.99	$D=275, \lambda=10^{-2}$
LRC_PLS	Raw Pixel	86.37±2.80	$D=450, p=11$
	HOG	86.54±3.36	$D=75, p=7$
	LDP	88.45±3.26	$D=75, p=8$
	LBP	91.55±3.08	$D=425, p=8$
	MSLP_KME	93.96±2.23	$D=250, p=15$
	MSLP_PCA	93.78±1.71	$D=275, p=9$
	MSLP_ICA	94.31±1.99	$D=225, p=9$

表 3-3 Fused 数据库上不同方法获得的最高识别率及对应的参数配置

分类器	特征	识别率/(%)	参数
SRC	Raw Pixel	82.46±3.01	$D=750, \lambda=10^{-4}$
	HOG	88.24±1.38	$D=100, \lambda=10^{-3}$
	LDP	89.32±1.16	$D=50, \lambda=10^{-2}$
	LBP	91.74±1.43	$D=550, \lambda=10^{-3}$
	MSLP_KME	91.74±1.07	$D=550, \lambda=10^{-5}$
	MSLP_PCA	94.98±1.46	$D=550, \lambda=10^{-6}$
	MSLP_ICA	95.61±1.13	$D=450, \lambda=10^{-5}$
GSRC	Raw Pixel	82.65±3.12	$D=750, \lambda=10^{-5}$
	HOG	88.05±1.13	$D=450, \lambda=10^{-2}$
	LDP	88.81±1.65	$D=350, \lambda=10^{-4}$
	LBP	91.55±1.86	$D=650, \lambda=10^{-5}$
	MSLP_KME	91.74±1.07	$D=550, \lambda=10^{-3}$
	MSLP_PCA	95.04±1.54	$D=600, \lambda=10^{-4}$
	MSLP_ICA	95.68±1.02	$D=650, \lambda=10^{-2}$
CRC	Raw Pixel	87.22±1.97	$D=650, \lambda=10^{-2}$
	HOG	90.21±1.29	$D=450, \lambda=10^{-1}$
	LDP	90.66±1.37	$D=650, \lambda=10^{-2}$
	LBP	91.99±2.14	$D=700, \lambda=10^{-1}$
	MSLP_KME	93.71±0.86	$D=650, \lambda=10^{-2}$
	MSLP_PCA	94.98±1.42	$D=550, \lambda=10^{-2}$
	MSLP_ICA	95.61±1.03	$D=700, \lambda=10^{-1}$
LRC_PLS	Raw Pixel	86.78±2.13	$D=450, p=9$
	HOG	89.51±2.42	$D=350, p=13$
	LDP	89.51±2.42	$D=250, p=10$
	LBP	91.61±1.94	$D=750, p=15$
	MSLP_KME	92.88±0.92	$D=600, p=14$
	MSLP_PCA	95.30±1.30	$D=700, p=9$
	MSLP_ICA	95.74±0.76	$D=600, p=15$

表 3 - 4　Gallagher's 数据库上不同方法获得的最高识别率及对应的参数配置

分类器	特　征	识别率/(%)	参　数
SRC	Raw Pixel	70.19±2.22	$D=250,\lambda=10^{-3}$
	HOG	79.06±2.22	$D=100,\lambda=10^{-4}$
	LDP	79.49±1.11	$D=200,\lambda=10^{-3}$
	LBP	82.10±3.67	$D=550,\lambda=10^{-4}$
	MSLP_KME	81.49±2.32	$D=400,\lambda=10^{-4}$
	MSLP_PCA	86.53±2.03	$D=600,\lambda=10^{-2}$
	MSLP_ICA	86.27±2.40	$D=450,\lambda=10^{-5}$
GSRC	Raw Pixel	70.28±1.41	$D=350,\lambda=10^{-5}$
	HOG	79.23±2.36	$D=100,\lambda=10^{-6}$
	LDP	79.67±1.15	$D=500,\lambda=10^{-3}$
	LBP	82.18±1.86	$D=750,\lambda=10^{-2}$
	MSLP_KME	81.32±2.63	$D=400,\lambda=10^{-6}$
	MSLP_PCA	86.36±1.72	$D=700,\lambda=10^{-6}$
	MSLP_ICA	86.27±1.41	$D=600,\lambda=10^{-5}$
CRC	Raw Pixel	87.22±1.97	$D=350,\lambda=10^{-6}$
	HOG	78.10±2.55	$D=150,\lambda=10^{-6}$
	LDP	79.06±1.61	$D=600,\lambda=10^{-1}$
	LBP	82.27±3.49	$D=750,\lambda=10^{-1}$
	MSLP_KME	81.66±3.39	$D=300,\lambda=10^{-6}$
	MSLP_PCA	85.14±2.34	$D=450,\lambda=10^{-1}$
	MSLP_ICA	85.40±2.39	$D=550,\lambda=10^{-1}$
LRC_PLS	Raw Pixel	71.23±4.71	$D=500,p=15$
	HOG	78.80±2.56	$D=150,p=7$
	LDP	78.54±1.50	$D=400,p=8$
	LBP	81.84±3.28	$D=250,p=11$
	MSLP_KME	82.09±3.84	$D=350,p=15$
	MSLP_PCA	86.10±1.36	$D=400,p=11$
	MSLP_ICA	86.10±0.94	$D=600,p=9$

此外,还在这些数据库上对比了四种不同线性表达分类器的运行速度,实验结果见表 3 - 5。为公平比较不同线性表达分类器的运行时间,统一采用 MSLP_ICA 特征描述人脸图像。所有实验是在频率为 2.5GHz、内存为 4GB、采用 Intel 核的计算机上进行的。由表 3 - 5 可以看出,LRC_PLS 的运行速度仅略微慢于 CRC,却远远超过了稀疏分类器,即 SRC 与 GSRC。鉴于 LRC_PLS 分类器不仅能取得相对较高的识别精度,且消耗相对较少的时间,因此将 LRC_PLS 分类器用于性别识别不失为一种明智的选择。另外,与文献[5]在人脸识别实验中得到的结论类似,GSRC 在性别识别上的运行时间也长于 SRC。但是,唯一的例外出现在 FERET 数据库上,这是由 SRC 算法和 GSRC 算法获得最高识别率时对应的特征维数(分别为 750D 和 350D)相差太大造成的。

表 3 - 5 四种数据库上不同分类器采用 MSLP_ICA 特征的运行时间

分类器	时间/ms			
	FERET	PAL	Fused	Gallagher's
SRC	70.54	13.62	67.02	50.30
GSRC	32.44	16.91	110.13	70.99
CRC	2.98	1.26	7.89	4.42
LRC_PLS	6.49	4.38	33.33	18.46

3.4.3 跨数据库实验结果

为进一步评估本章所提性别识别算法的推广性能,还进行了跨数据库实验。Fused 人脸库和 Gallagher's 人脸库中的图像是在不同环境下采集的,因此本节选择在这两个数据库之间进行跨数据库实验。首先在 Fused 数据库上对算法进行训练,再在 Gallagher's 数据库上进行测试(记为 Fused/Gallagher's 测试);反过来又将 Gallagher's 作为算法的训练集,而将 Fused 作为测试集(记为 Gallagher's/Fused 测试)。采用单个数据库实验选定的最优参数。

如图 3 - 9～图 3 - 12 所示为在 Fused 与 Gallagher's 之间进行的跨数据库实验结果。很容易看出,相比于单个数据库实验结果,所有算法在跨数据库实验中的识别率均显著下降,尤其是在 Fused/Gallagher's 测试中。这是因为 Gallagher's 数据库中的人脸像是在无约束环境下获得的,因此存在较大的外观变化,而这种变化很难用受控条件下的 Fused 中的人脸像去模拟。对于人工设计特征,这两种测试的识别率差异达到 2.90%;而对多尺度学习特征,这种差异达到了 1.82%。总之,MSLP_ICA 特征优于所有其他特征,而 MSLP_PCA 特征在大多数情况下优于人工设计特征。在 Fused/Gallagher's 测试中,表现最好的人工设计特征是LBP,而在 Gallagher's/Fused 测试中,获得最高识别率的人工特征是 LDP。此外,还发现了一个有趣的现象,即在 Gallagher's/Fused 测试中,HOG 与 LBP 的性能甚至分别不如原始像素与 LDP,而在 Fused/Gallagher's 测试中,则出现了完全相反的情况。其中一个原因是由于 HOG 与 LBP 的编码设计非常严格,任何噪声等因素带来的干扰都可能生成一个完全不同的码值。另外一点是因为 LDP 与原始像素对噪声等干扰具有一定的鲁棒性。在跨数据库实验中,由于训练集和测试集中的样本差异很大,因此已经违背了线性表达分类器的基本假设条件,于是导致各种算法的识别率大幅下降。在 Fused/Gallagher's 测试中,这四种线性表达分类器识别性能相当;而在 Gallagher's/Fused 测试中,LRC_PLS 与 CRC 略优于稀疏分类器。

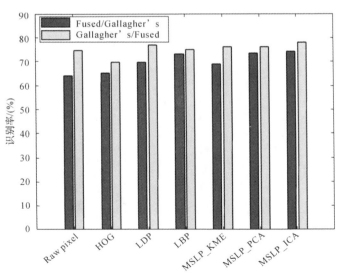

图 3-9　跨数据库实验中不同特征采用 SRC 时的性别识别结果比较

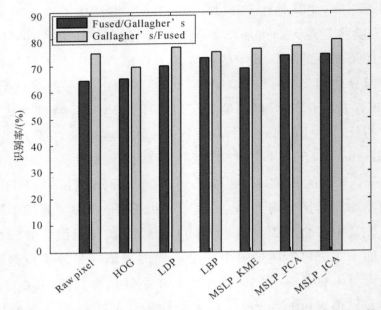

图 3-10 跨数据库实验中不同特征采用 GSRC 时的性别识别结果比较

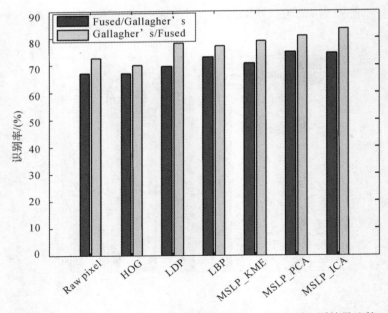

图 3-11 跨数据库实验中不同特征采用 CRC 时的性别识别结果比较

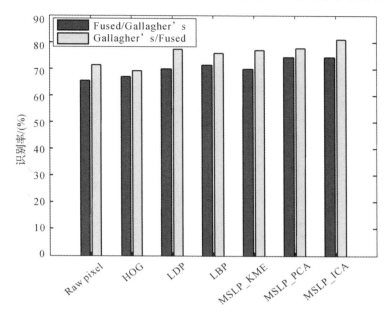

图 3 - 12　跨数据库实验中不同特征采用 LRC_PLS 时的性别识别结果比较

3. 4. 4　GLRC_PLS 分类器的性能测试

如图 3 - 13 所示为四个数据库上 MSLP_PCA＋GLRC_PLS 与 MSLP_ICA＋GLRC_PLS 算法的识别率随测试样本个数变化的示意图。由图 3 - 13 可见,在只增加一个测试样本的情况下,这两种算法的识别精度均明显提高。在受约束数据库上,当测试样本的个数增加到一定程度时,这两种算法的识别率趋于稳定。而在真实人脸库上,算法识别率会随着测试样本个数增加而持续升高。表 3 - 6 列出了 MSLP_PCA＋GLRC_PLS 与 MSLP_ICA＋GLRC_PLS 算法在这四个数据库上的具体识别率。当测试样本个数从 1 增加到 2 时,在 FERET,PAL,Fused 和 Gallagher's 数据库上 MSLP_PCA＋GLRC_PLS 算法的识别率分别提高了 2.00％,3.50％,2.60％和 3.73％,MSLP_ICA＋GLRC_PLS 算法的识别率分别提高了 2.21％,3.48％,2.52％和 4.54％。需要注意的是,当只有一个测试样本时,GLRC_PLS 则退化为 LRC_PLS 分类器。

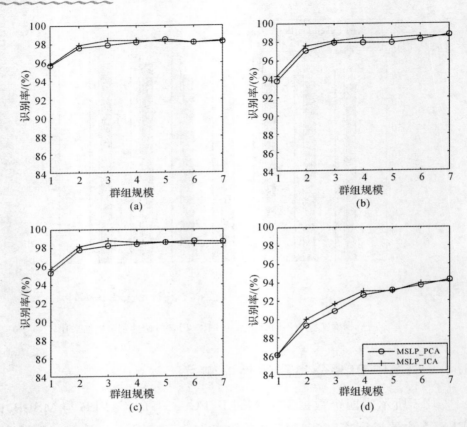

图 3-13 MSLP_PCA＋GLRC_PLS 与 MSLP_ICA＋GLRC_PLS 的性别识别结果比较

(a) FERET；(b) PAL；(c) Fused；(d) Gallagher's

表 3-6 四种数据库上 MSLP_PCA＋GLRC_PLS 与 MSLP_ICA＋GLRC_PLS 获得的最高识别率

数据库	特 征	群组规模	
	FERET	1	2
FERET	MSLP_PCA	95.67±1.97	97.59±1.48
	MSLP_ICA	95.77±1.61	97.89±1.40
PAL	MSLP_PCA	93.78±1.71	97.06±0.79
	MSLP_ICA	94.31±1.99	97.59±1.64

续 表

数据库	特　征	群组规模	
	FERET	1	2
Fused	MSLP_PCA	95.30±1.30	97.78±0.81
	MSLP_ICA	95.74±0.76	98.16±0.61
Gallagher's	MSLP_PCA	86.10±1.36	89.31±1.83
	MSLP_ICA	86.10±0.94	90.01±2.08

3.6　本 章 小 结

本章从特征学习和线性表达分类器设计的角度出发,讨论了如何提高基于人脸性别识别算法的识别率。与以往的特征设计方法不同,首先采用无监督特征学习算法生成一系列不同尺度的卷积模板,然后对卷积后的图像依据响应强度顺序进行编码,再抽取直方图特征形成 MSLP 人脸特征。相比常见的人工设计特征,MSLP 特征结构紧凑、适应性强,且能从人脸图像中提取最具鉴别力的信息。从原型生成的角度出发,将偏最小二乘法引入线性表达分类器中,并将其扩展为一种群组分类器。最后,在受限和不受限环境中采集的人脸图像集上对各种特征和线性表达分类器的组合进行了详细的分析与比较。根据人脸性别识别上的实验结果,可以得到以下结论:第一,本章所提的多尺度学习特征明显优于人工设计特征,尤其是在最具挑战性的真实人脸库上;第二,在生成 MSLP 特征的三种算法中,经实验证实 ICA 超过了 PCA 和 K-means;第三,笔者所提的 LRC_PLS 分类器识别性能稳定且耗时较短,同时其群组分类器进一步提升了识别效果。

第4章 基于多尺度查询扩展协同 表达分类器的物体识别

4.1 引　　言

从识别对象上看,物体识别覆盖面很广,主要包括个体识别(如人脸识别)、次级类别识别(如鸟或者树叶种类的识别、Kannada 字符识别及类别识别)。尽管目前对人脸识别的研究已经取得了的很大的进展,但是一些主流技术对于非理想条件下采集到的人脸像(尤其是包含光照、表情和姿态变化的人脸像)的识别效果普遍较差。对于次级类别识别和类别间的识别而言,识别系统的挑战更是来自于诸多方面,主要包括光照条件、遮挡、旋转、尺度以及视角变化等。针对这种复杂环境下的物体识别问题,常见的一种解决思路是通过增加各种限制条件来提高识别性能。例如,通过人脸对齐将不同姿态下的人脸像校正为标准正面人脸像;提供在不同拍摄条件下采集到的多个测试样本,尽可能增加类别鉴别信息的完备性来提高算法的鲁棒性。

线性表达分类器的绝大多数应用都集中在正面人脸识别上,取得了令人满意的效果。然而,不难预见,这些线性表达分类器在复杂物体识别上(即多姿态的、多视角的、更一般化等情况下的物体识别)的性能将会显著下降。本章主要研究在较少的约束条件下,如何设计一种优秀的线性表达分类器以有效解决复杂环境下的物体识别问题。给定一组具有代表性的样本作为字典,线性表达分类器通常假设测试样本可以由字典中所有原子的线性组合来表示。为了满足某种先验假设,线性表达分类器通常需要在某个正则项的约束下,最小化一个 l_2 范数的经验风险函数。比如,需要强调组合系数的稀疏性时,采用 l_1 范数的正则化项会使得系数有很多零值。近几年来,在设计新的线性表达分类器时,一般存在两种主流改进方向。一种方案是将不同的先验融入分类器设计中,在数学形式上主要体现在正则化项的构建上。其中,稀疏先验和协同先验是经常用到的两类假设条件。此外,很多学者提出从原始训练样本中学习一个包含较少原子而具有较强表达能力的字典,不但能提高对测试样本的重构能力,还能减少重构时间,进而达到提高识别性能的目的。

4.2　协同表达分类器与字典学习

4.2.1　协同表达分类器

2.2.2 小节已经介绍了几种比较常见的线性表达分类器,如 SRC,GSRC 和 CRC。本章主要讨论的是协同表达分类器,其优化模型重写为

$$\hat{\boldsymbol{\alpha}} = \arg \min_{\boldsymbol{\alpha}} \parallel \boldsymbol{X\alpha} - \boldsymbol{y} \parallel_2^2 + \lambda \parallel \boldsymbol{\alpha} \parallel_2^2 \tag{4-1}$$

式中,第一项 $\parallel \boldsymbol{X\alpha} - \boldsymbol{y} \parallel_2^2$ 是保真项;第二项 $\parallel \boldsymbol{\alpha} \parallel_2^2 = \sum_{i=1}^n \alpha_i^2$ 是正则项;λ 是正则化参数。

在测试阶段,查询样本 $\boldsymbol{y}$ 的类别被判定为具有最小重建残差的那一类,即

$$\mathrm{ID}(\boldsymbol{y}) = \arg \min_c r_c(\boldsymbol{y}) = \arg \min_c \parallel \boldsymbol{y} - \boldsymbol{X}_c \delta_c(\hat{\boldsymbol{\alpha}}) \parallel_2 / \parallel \delta_c(\hat{\boldsymbol{\alpha}}) \parallel_2 \tag{4-2}$$

式中,$r_c(\boldsymbol{y})$ 表示第 c 类训练样本的重建残差;$\delta_c(\cdot)$ 表示只选择与第 c 类训练样本系数相关的特征函数。

与 SRC,GSRC 和第 3 章的 LRC_PLS 这几种线性表达分类器不同,CRC 不需要以迭代的方式求解式(4-1),而是通过其闭合解计算系数向量。CRC 的闭合解为

$$\hat{\boldsymbol{\alpha}} = \boldsymbol{Py} = (\boldsymbol{X}^{\mathrm{T}}\boldsymbol{X} + \lambda\boldsymbol{I})^{-1}\boldsymbol{X}^{\mathrm{T}}\boldsymbol{y} \tag{4-3}$$

式中,$\boldsymbol{I}$ 是单位阵;$\boldsymbol{P} = (\boldsymbol{X}^{\mathrm{T}}\boldsymbol{X} + \lambda\boldsymbol{I})^{-1}\boldsymbol{X}^{\mathrm{T}}$。对于给定的训练集,$\boldsymbol{P}$ 可以预先计算好,因此 CRC 的预测速度相当快速。

4.2.2　基于字典学习的线性表达分类器

线性表达分类器中的字典学习(Dictionary Learning,DL)旨在通过训练样本构造一个新的字典,使得测试样本利用该字典中的原子获得更好的线性表达。从

每一类训练样本学习到的一组字典基(原型)抽取了代表该类别的最具鉴别力的信息,充当判别决策中新的基向量。用较少的字典原子去重建查询图像,不但可以减少重构时间,还能提高分类准确率。就原型的构造方式而言,字典学习算法可以划分为两大类:基于原型选择(Prototype Selection,PS)的方法和基于原型生成(Prototype Generation,PG)的方法。基于原型选择的方法从原有样本中选择一个最优的子集,这样可以抛弃掉噪声样本和冗余样本,而基于原型生成的方法通常是构造与原有样本不同的新样本作为原型。

就原型生成方法而言,基于均值表达的分类器(Mean Representation based Classifier,MRC)先直接将每类的均值作为类原型(Class - specific Prototype),然后利用最小二乘法,通过最大编码系数来判定查询图像的类别。MRC 无需调参,其效果优于最近子空间分类器(Nearest Subspace Classifier)。对于原型选择方法,NTSRC 方法先从每一类训练样本中选择查询图像的最近邻(Nearest Training Sample,NTS)作为原型,然后提出了一种基于 l_2 范数约束的线性表达分类器判定类别。基于两阶段测试样本的稀疏表达分类器(Two Phase Test Sample Sparse Representation,TPTSSR)第一阶段采用 l_2 约束的线性回归方法目的是为第二阶段的分类器计算原型样本。为减少 TPTSSR 的计算负担,DA_TPTSSR 方法提出用距离近似度量替代 TPTSSR 第一阶段中的线性表达以查找最近的原型,且在人脸识别上取得了与 TPTSSR 类似的效果,但节省了相当多的时间。

从另外一个角度来审视上述字典学习方法,可将这些字典学习方法分为与查询图像相关的方法和与查询图像无关的方法。显然,上述基于原型生成(PG)的方法大多属于与查询无关的方法,而多数基于原型选择(PS)的方法则依赖于查询图像。在笔者看来,两种方法都是有缺陷的。当数据分布稀疏时,PS 方法无法补偿稀疏数据中存在的"洞",而 PG 方法则可以。反之,PG 方法不能保持依赖于查询图像的数据局部性,因而也就不能提前排除离群样本,而 PS 方法则可以。因此,结合这两类方法的优点,提出一种依赖于查询的基于原型生成的字典学习算法。

4.3　基于类原型的多尺度查询扩展协同表达分类器

针对上述分析,提出一种基于类原型的多尺度查询扩展协同表达分类器(Query - expanded Collaborative Representation based Classifier with Class - specific Prototypes,QCRC_CP)。首先将单幅查询图像通过放缩扩展为一个查询图像集,从而将基于单幅图像的分类问题转变为基于图像集的分类问题,以提高复杂环境下的物体识别准确率。接着,将查询集与每一类的训练样本集描述为线性子空间,利用典型相关分析(Canonical Component Analysis,CCA)生成与查询集最相关的一组类原型作为每一类的字典基。这种字典构造方法结合原型选择方法与原型生成方法的优点,利用数据局部性剔除掉噪声,生成代表该类别的关键的、稳定的原型集。最后,在新构造的字典上,采用基于最小规范化残差的多变量协同表达分类器判定查询图像的类别。

4.3.1　多尺度查询图像扩展

将一幅灰度图的像素按列展开成一维向量后,线性表达分类器中的保真项(见式(4-1))是逐像素进行计算的。当不存在姿态或视角变化时,两幅图像中同一物体上的像素点是相互对应的。然而,在复杂情况下的物体识别,尺度、视角、姿态、外观等各种变化,使得这种像素对应关系被严重破坏。例如图 4-1 所示,同一类别的汽车模型由于视角及外观等变化而呈现较大的类内差异。通常,可通过对齐模型或数据适配(Data Adaption)来改善这种由于视角变化造成的空域像素错位现象。例如,人脸对齐模型根据某些关键点(如人眼位置)将其校正为标准正面人脸像。但是,如果查询样本与训练样本的视角差异太大,则用这种对齐模型将很难达到理想的校正效果。举一个特例,当查询样本是侧面人脸像而识别样例库(Gallery)中的图像都是正面人脸像时,两幅人脸像上绝大部分像素都无法一一对应。而数据适配则是通过尽可能采集多个视角、姿态下的查询图像以增加数据多样性。较传统的基于单幅图像的分类,基于图像集的分类方法可以更全面地刻画同一类图像中存在的各种变化,实现更为鲁棒、准确的分类。但是,上述两种解决方案都需要增加额外的条件。

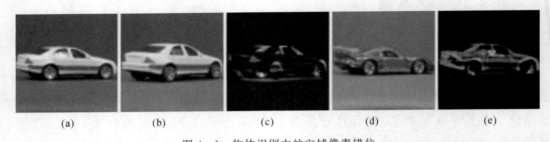

图 4-1　物体识别中的空域像素错位

(a)视角 1 下的汽车模型；　(b)视角 2 下的汽车模型；　(c)图(a)与图(b)的像素差；

(d)视角 1 下另外一个汽车模型；　(e)图(a)与图(d)的像素差

　　鉴于基于图像集的分类方法能够为复杂环境下的物体识别提供一些有益信息，提出在不需要人为增添额外数据的前提下，采用一种简单且实用的方法将单幅图像分类问题转变为一种基于图像集的分类问题。为提高对像素域较小变形的鲁棒性，首先对单幅查询图像 y 进行不同尺度的下采样（放缩比例 $s_i < 1, i = 1,$ $2, \cdots, K$），从而形成一个包含 K 个样本的查询集 $Y = [\begin{matrix} y_1 & y_2 & \cdots & y_K \end{matrix}]$。对 Y 去均值后，记为 $\tilde{Y} = [\begin{matrix} \tilde{y}_1 & \tilde{y}_2 & \cdots & \tilde{y}_K \end{matrix}] = [\begin{matrix} y_1 - \bar{y}_1 & y_2 - \bar{y}_2 & \cdots & y_K - \bar{y}_K \end{matrix}]$。不从查询图像集提取特征，而是直接利用原始像素提供的信息。然后，对查询集中分辨率较低的图像进行上采样使得所有的图像向量长度相等。这样，就获得了一个由不同模糊程度的查询图像组成的图像集，如图 4-2（第一行）所示。

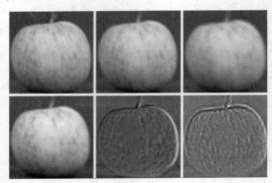

图 4-2　查询扩展形成的查询集（第一行）和对应的子空间基图像（第二行）

在图像欧氏距离(Image Euclidean Distance)中,通过基于空间位置关系的标准化变换(Standardizing Transformation)可在一定程度上提高图像向量对较小变形的鲁棒性。该变换也可看作是用一个二维模板对原始图像进行滤波。经分析可知,标准化变换通过将近邻像素信息传播到中心像素,可以提高对小范围变形的鲁棒性。这种信息传播实质上也存在于常见的图像尺度放缩操作中,尤其是上采样中。例如,双三次样条插值(Bicubic Interpolation)考虑中心像素的 16 个近邻,从而获得一个更加平滑的插值表面。基于以上的分析,可认为这种简单的查询扩展操作对空间像素变化具有一定的鲁棒性。

4.3.2　基于典型相关分析的类原型生成

通过 4.3.1 小节构造的查询图像集,将基于单个测试样本的分类问题转化为基于图像集的分类问题。传统的基于图像集的分类方法主要包含两个重要方面:①图像集的描述方法;②如何度量两个图像集的相似度。图像集的描述可采用基于参数模型的方法,将图像集逼近为某参数下的分布函数(如高斯分布)。然而在测试集与训练集之间缺乏较强统计相关性的情况下,这类方法往往难以取得较好的效果。另一种方法是基于非参数模型的,能够避免对于参数化模型估计的困难。后者经常结合典型相关分析(CCA)方法,通过计算各子空间之间的主角度来度量图像集间的相似度。但是,传统的图像集分类解决方案并不适用于线性表达分类器。

尽管所构造的多尺度查询图像集中的样本存在变化,但是如果尺度变化足够密集,就可以认为这种变化是渐变的。假设每一个查询样本都可以由查询集中其他样本的线性组合表示,即认为查询集大致位于一个线性子空间 $\mathcal{L}_q$ 中,那么就可以采用线性子空间来描述图像集。均值中心化后的查询集 $\tilde{\boldsymbol{Y}}$ 可分解为

$$\tilde{\boldsymbol{Y}} = \begin{bmatrix} \tilde{\boldsymbol{y}}_1 & \tilde{\boldsymbol{y}}_2 & \cdots & \tilde{\boldsymbol{y}}_K \end{bmatrix} \approx \begin{bmatrix} \boldsymbol{u}_1 & \boldsymbol{u}_2 & \cdots & \boldsymbol{u}_a \end{bmatrix} \boldsymbol{T}_q = \boldsymbol{U}_q \boldsymbol{T}_q \qquad (4-4)$$

式中,$\boldsymbol{u}_i \in \mathcal{L}_q$ 表示子空间 $\mathcal{L}_q$ 中的基向量,其个数 a 由 $\tilde{\boldsymbol{Y}}$ 的秩确定;$\boldsymbol{T}_q \in \boldsymbol{R}^{a \times a}$ 为展开系数。采用 QR 分解求解式(4-4),则 $\boldsymbol{U}_q$ 的列向量是正交的,$\boldsymbol{T}_q$ 是一个上三角阵。图 4-2(第二行)给出了查询集对应的子空间基向量。同样地,对于第 c 类的训练样本 $\boldsymbol{X}_c$,也通过 QR 分解获得由基向量 $\boldsymbol{v}_i^c, i = 1, 2, \cdots, b_c$ 组成的子空间 $\mathcal{L}_g^c$。

　　基于一个基本的假设,来自某一类的训练样本可以由一组有代表性的类原型来描述,于是可将原来的大规模训练样本集合压缩为一个较小规模的原型集合。基于对现有字典学习算法的分析,期望结合查询依赖与原型生成的优点从子空间 $\mathcal{L}_g^c$ 中学习一个由类原型组成的字典。

　　为了剔除与判别无关的奇异点,采用与查询图像相关的方法应用数据局部性。实现数据局部性的关键问题在于寻找一个合适的距离度量或相似性测度。本节中,采用典型相关性(又称主角度,Principal Angles)来度量图像集间的相似度,同时考虑依赖于查询集的数据局部性生成每一类的原型集。两个 d 维线性子空间 $\mathcal{L}_q$ 和 $\mathcal{L}_g$ 的相似性定义为主角度 $0 \leqslant \theta_1 \leqslant \cdots \leqslant \theta_d \leqslant \pi/2$ 的余弦函数,即

$$\left.\begin{aligned}\cos\theta_i &= \max_{\boldsymbol{u}i \in \mathcal{L}_q} \max_{\boldsymbol{v}_i \in \mathcal{L}_g} \boldsymbol{u}_i^{\mathrm{T}} \boldsymbol{v}_i \\ \text{s. t.} \quad \boldsymbol{u}_i^{\mathrm{T}} \boldsymbol{u}_i &= \boldsymbol{v}_i^{\mathrm{T}} \boldsymbol{v}_i = 1, \quad \boldsymbol{u}_i^{\mathrm{T}} \boldsymbol{u}_j = \boldsymbol{v}_i^{\mathrm{T}} \boldsymbol{v}_j = 0, \quad i \neq j\end{aligned}\right\} \tag{4-5}$$

　　解决上述优化问题的方法很多,其中基于奇异值分解(Singular Value Decomposition,SVD)的方法较其他方法得到的结果更加稳定,且仅需要估计较少的自由参数。

　　假设 $\boldsymbol{V}_g = \begin{bmatrix} \boldsymbol{v}_1 & \boldsymbol{v}_2 & \cdots & \boldsymbol{v}_b \end{bmatrix} = \begin{bmatrix} \boldsymbol{V}_g^1 & \boldsymbol{V}_g^2 & \cdots & \boldsymbol{V}_g^C \end{bmatrix} \in \mathbf{R}^{d \times b}$ 和 $\boldsymbol{U}_q = \begin{bmatrix} \boldsymbol{u}_1 & \boldsymbol{u}_2 & \cdots & \boldsymbol{u}_a \end{bmatrix} \in \mathbf{R}^{d \times a}$ 分别构成了训练集与查询集的线性子空间 $\mathcal{L}_g$ 与 $\mathcal{L}_q$ 的正交基,其中 $\boldsymbol{V}_g^c \in \mathbf{R}^{d \times b_c}$ 为第 c 类训练样本集的线性子空间 $\mathcal{L}_g^c$ 的基,且 $\sum_{c=1}^{C} b_c = b$。均值中心化后的第 c 类训练样本 $\widetilde{\boldsymbol{X}}_g^c$ 可以分解为

$$\widetilde{\boldsymbol{X}}_g^c \approx \boldsymbol{V}_g^c \boldsymbol{T}_g^c = \begin{bmatrix} \boldsymbol{v}_1^c & \boldsymbol{v}_2^c & \cdots & \boldsymbol{v}_{b_c}^c \end{bmatrix} \boldsymbol{T}_g^c \tag{4-6}$$

式中, $\boldsymbol{T}_g^c \in \mathbf{R}^{b_c \times b_c}$ 表示展开系数。

　　通过奇异值分解, $\boldsymbol{V}_g^{c\mathrm{T}} \boldsymbol{U}_q \in \mathbf{R}^{b_c \times a}$ 变为

$$\left.\begin{aligned}\boldsymbol{V}_g^{c\mathrm{T}} \boldsymbol{U}_q &= \boldsymbol{W}_{gq} \boldsymbol{\Lambda} \boldsymbol{W}_{qg}^{\mathrm{T}} \\ \text{s. t.} \quad \boldsymbol{W}_{gq} \boldsymbol{W}_{gq}^{\mathrm{T}} &= \boldsymbol{W}_{gq}^{\mathrm{T}} \boldsymbol{W}_{gq} = \boldsymbol{I}_{b_c}, \quad \boldsymbol{W}_{qg} \boldsymbol{W}_{qg}^{\mathrm{T}} = \boldsymbol{W}_{qg}^{\mathrm{T}} \boldsymbol{W}_{qg} = \boldsymbol{I}_a\end{aligned}\right\} \tag{4-7}$$

式中, $\boldsymbol{W}_{gq} = \begin{bmatrix} \boldsymbol{w}_{gq}^1 & \boldsymbol{w}_{gq}^2 & \cdots & \boldsymbol{w}_{gq}^{b_c} \end{bmatrix} \in \mathbf{R}^{b_c \times b_c}$ 和 $\boldsymbol{W}_{qg} = \begin{bmatrix} \boldsymbol{w}_{qg}^1 & \boldsymbol{w}_{qg}^2 & \cdots & \boldsymbol{w}_{qg}^a \end{bmatrix} \in \mathbf{R}^{a \times a}$ 是两个正交矩阵,而 $\boldsymbol{\Lambda} \in \mathbf{R}^{b_c \times a}$ 是一个矩形对角矩阵(Rectangular Diagonal Matrix)。仅选取前 $L = \min(a, b_c)$ 个典型相关系数,即 $\boldsymbol{\Lambda}$ 的前 L 个对角元素 $\sigma_1, \sigma_2, \cdots, \sigma_L$。令 $\boldsymbol{W}_{gq}^{(L)} = \begin{bmatrix} \boldsymbol{w}_{gq}^1 & \boldsymbol{w}_{gq}^2 & \cdots & \boldsymbol{w}_{gq}^L \end{bmatrix}$,同时 $\boldsymbol{W}_{qg}^{(L)} = \begin{bmatrix} \boldsymbol{w}_{qg}^1 & \boldsymbol{w}_{qg}^2 & \cdots & \boldsymbol{w}_{qg}^L \end{bmatrix}$,所选取的前 L 个典型向量为

$$\left.\begin{array}{l} \boldsymbol{\Psi}_q = \boldsymbol{U}_q \boldsymbol{W}_{qg}^{(L)} = \widetilde{\boldsymbol{Y}} \boldsymbol{T}_q^{-1} \boldsymbol{W}_{qg}^{(L)} = \widetilde{\boldsymbol{Y}} \boldsymbol{P}_q \\ \boldsymbol{\Psi}_g^c = \boldsymbol{V}_g^c \boldsymbol{W}_{gq}^{(L)} = \widetilde{\boldsymbol{X}}_g^c \boldsymbol{T}_g^{-1} \boldsymbol{W}_{gq}^{(L)} = \widetilde{\boldsymbol{X}}_g^c \boldsymbol{P}_g^c \end{array}\right\} \tag{4-8}$$

式中,射影矩阵 $\boldsymbol{P}_q = \boldsymbol{T}_q^{-1} \boldsymbol{W}_{qg}^{(L)} \in \mathbf{R}^{a \times L}$ 和 $\boldsymbol{P}_g^c = \boldsymbol{T}_g^{-1} \boldsymbol{W}_{gq}^{(L)} \in \mathbf{R}^{b_c \times L}$ 分别将 $\widetilde{\boldsymbol{Y}}$ 与 $\widetilde{\boldsymbol{X}}_g^c$ 映射为对应的典型向量。

由式(4 - 5)可知,将查询集与第 c 类的训练样本集的基向量进行典型相关性计算后降序排列, $\boldsymbol{P}_g^c$ 仅提取前 L 个与其最相关的基向量。另外,由于实际中 $L < b_c$ 且 $L \ll n_c$, $\boldsymbol{P}_g^c$ 将原始的训练集压缩成一个较小规模的原型集合。于是,式(4 - 8)可重写为

$$\boldsymbol{\Psi}_g^c = \widetilde{\boldsymbol{X}}_g^c \boldsymbol{P}_g^c = \boldsymbol{X}_g^c \boldsymbol{P}_g^c - \widetilde{\boldsymbol{X}}_g^c \boldsymbol{P}_g^c = \boldsymbol{S}_g^c - \widetilde{\boldsymbol{X}}_g^c \boldsymbol{P}_g^c \tag{4-9}$$

式中, $\boldsymbol{S}_g^c$ 表示第 c 类训练样本的类原型。值得注意的是,对于给定的训练样本 $\widetilde{\boldsymbol{X}}_g^c$ 是固定的,于是可将 $\widetilde{\boldsymbol{P}}_g^c$ 视为一个截距。基于上述讨论,构造两种类型的压缩训练集,即

$$\left.\begin{array}{l} \boldsymbol{S}_1 = \begin{bmatrix} \boldsymbol{S}_g^1 & \boldsymbol{S}_g^2 & \cdots & \boldsymbol{S}_g^C \end{bmatrix} \\ \boldsymbol{S}_2 = \begin{bmatrix} \mathbf{1} & \boldsymbol{S}_g^1 & \boldsymbol{S}_g^2 & \cdots & \boldsymbol{S}_g^C \end{bmatrix} \end{array}\right\} \tag{4-10}$$

通常对矩阵 $\boldsymbol{S}_1 \in \mathbf{R}^{d \times CL}$ 和矩阵 $\boldsymbol{S}_2 \in \mathbf{R}^{d \times (C+1)L}$ 按列进行 l_2 范数归一化。

4.3.3　基于最小规范化残差的多变量协同表达分类

给定查询集 $\boldsymbol{Y} = \begin{bmatrix} \boldsymbol{y}_1 & \boldsymbol{y}_2 & \cdots & \boldsymbol{y}_K \end{bmatrix} \in \mathbf{R}^{d \times K}$ 和新构造的字典 $\boldsymbol{S}_1 \in \mathbf{R}^{d \times CL}$ 或 $\boldsymbol{S}_2 \in \mathbf{R}^{d \times (C+1)L}$,将协同表达分类扩展成多变量模式来解决基于图像集的分类问题。多变量协同表达分类器的闭合解为

$$\boldsymbol{A} = \begin{bmatrix} \hat{\boldsymbol{\alpha}}_1 & \hat{\boldsymbol{\alpha}}_2 & \cdots & \hat{\boldsymbol{\alpha}}_K \end{bmatrix} = (\boldsymbol{S}^{\mathrm{T}} \boldsymbol{S} + \lambda \boldsymbol{I})^{-1} \boldsymbol{S}^{\mathrm{T}} \boldsymbol{Y} \tag{4-11}$$

式中, $\boldsymbol{A}$ 表示 $\boldsymbol{Y}$ 关于 $\boldsymbol{S}$ 的编码系数; $\hat{\boldsymbol{\alpha}}_i$ 表示查询集中第 i 个样本 $\boldsymbol{y}_i$ 的编码系数。

对于第 i 个查询样本 $\boldsymbol{y}_i$,第 c 类的重建残差为

$$\left.\begin{array}{l} r_c^i(\boldsymbol{y}_i)_1 = \| \boldsymbol{y}_i - \boldsymbol{S}_g^c \delta_c(\hat{\boldsymbol{\alpha}}_i)^{\mathrm{T}} \|_2 / \| \delta_c(\hat{\boldsymbol{\alpha}}_i) \|_2 \\ r_c^i(\boldsymbol{y}_i)_2 = \| \boldsymbol{y}_i - [1, \boldsymbol{S}_g^c][\hat{\boldsymbol{\alpha}}_i^1, \delta_c(\hat{\boldsymbol{\alpha}}_i)]^{\mathrm{T}} \|_2 / \| [\hat{\boldsymbol{\alpha}}_i^1, \delta_c(\hat{\boldsymbol{\alpha}}_i)] \|_2 \end{array}\right\} \tag{4-12}$$

式中, $\hat{\boldsymbol{\alpha}}_i^1$ 表示 $\hat{\boldsymbol{\alpha}}_i$ 的第一个元素。

为便于后续比较,此处采用了最小规范化残差(MNR)规则。首先,将每个查询样本的残差 r_c^i 进行规范化,即

$$\bar{r}_c^i = \frac{r_c^i}{\sqrt{\displaystyle\sum_{c=1}^{C} (r_c^i)^2}} \tag{4-13}$$

于是，对于查询集 $\boldsymbol{Y}$，第 c 类最小规范化残差为

$$\hat{r}_c = \min_i(\bar{r}_c^i) \tag{4-14}$$

最后，测试样本 $\boldsymbol{y}$ 的类别被判定为具有最小残差的那一类，即

$$\mathrm{ID}(\boldsymbol{y}) = \mathrm{ID}(\boldsymbol{Y}) = \arg\min_c(\hat{r}_c) \tag{4-15}$$

图 4-3 给出了本章所提的 QCRC_CP 分类器的流程图。给定一幅查询图像 $\boldsymbol{y}$，首先将 $\boldsymbol{y}$ 通过图像放缩扩展为一个多尺度查询图像集 $\boldsymbol{Y} = [\boldsymbol{y}_1 \quad \boldsymbol{y}_2 \quad \cdots \quad \boldsymbol{y}_K]$，然后将查询集 $\boldsymbol{Y}$ 和每一类的训练样本集 $\boldsymbol{X}_g^c$ 去均值后，分别描述为两个线性子空间。再利用典型相关性生成与查询集最相关的一组类原型，构成一个紧凑又具鉴别力的字典 $\boldsymbol{S}$。最后，在查询集和新构造的字典上，采用基于最小规范化残差的多变量协同表达分类器判定查询图像 $\boldsymbol{y}$ 的类别。

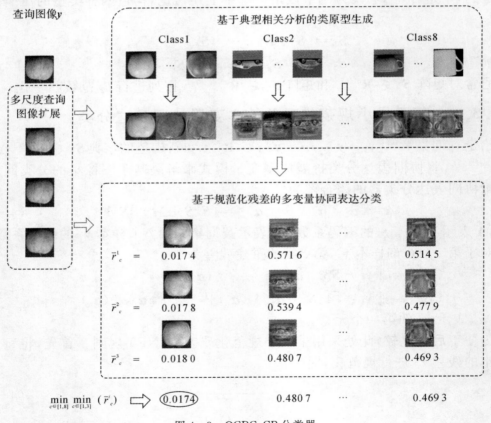

图 4-3 QCRC_CP 分类器

4.4　实验结果与分析

为了验证本章所提的基于类原型的查询扩展协同表达分类器（QCRC_CP）的有效性，本节在四个有挑战性的图像集上分别进行多姿态人脸识别、树叶类别识别、真实环境中的字符识别和通用物体识别实验。首先，简要介绍了实验所用的数据库及相关参数设置；其次，给出了不同算法在这四个数据库上的实验结果；最后，对 QCRC_CP 分类器的性能进行了深入分析，详细比较了不同字典学习方法的有效性。

4.4.1　实验数据集与参数设置

本节采用四个有挑战性的图像库来验证 QCRC_CP 分类器的有效性。这四个库如下：

（1）FERET Pose 数据库：来源于 FERET 人脸库的 Pose 子集，包含 200 人，共 1 400 幅人脸像（每人 7 幅图像）。图 4-4 给出了该数据集的示例图像。每个人的图像顺序对应着文件名包含"ba""bj""bk""be""bf""bg"和"bd"字符串的人脸像。这些字符串用于标识人脸像的表情、光照和姿态变化。其中，"ba"为标准正面人脸像；"bj"和"bk"分别对应不同表情和光照条件的正面人脸像；"be""bf""bg"和"bd"为侧面人脸像，对应的姿态偏转角度分别是 $+15°$，$-15°$，$-25°$ 和 $+25°$。实验中，将每幅图像分辨率调整为 80×80 像素。在该数据库上共进行了三组实验，分别从每类随机抽取 2/2，3/1 和 4/1 张图像作为训练集/验证集，剩余样本作为测试集。

| ba:gallery | bj:expression | bk:illumination | be:+15° | bf:−15° | bg:−25° | bd:+25° |

图 4-4　FERET Pose 数据库图像示例

（2）Swedish Leaf 数据库：收集了 15 类瑞典树木的单片叶片图像（每类包括 75 幅图像）。图 4-5 给出了 15 类树叶的示例图像。实验中，将所有图像裁剪为 48×48 像素。然后，从每一类样本中随机选择 25/25,35/15 和 40/15 幅图像作为训练集/验证集，其余的作为测试集。

图 4-5　Swedish Leaf 数据库图像示例

（3）Chars74k 数据库：由英文字符和埃纳德语（Kannada）字符组成，共计 74 000 幅字符图像。该数据库中的字符图像是在不受限条件下采集的，包括自然场景中的字符、手写体字符以及计算机合成字符等。选取该数据库的英文字符集进行实验，包括 0~9,a~z 和 A~Z 共 62 类字符，共 7 705 幅图像。图 4-6 给出了 Chars74k 数据库中的英文字符示例图像。实验中，将 Chars74k 英文字符集再细分为三个子集：数字字符子集（0~9）、小写字母字符子集（a~z）和大写字母字符子集（A~Z）。先将每幅图像分辨率调整为 32×32 像素，再从每一类样本中随机选取 10 幅图像用于训练,10 幅图像用于验证，其余的图像则用于测试。

（4）ETH-80 数据库：共有 3 280 幅图像，包含 8 个大类，分别代表苹果、汽车、牛、杯子、狗、马、梨和西红柿。每一类又包含 10 个子类（Subcategory），每个子类由从不同位置、不同视角拍摄的 41 幅图像组成。图 4-7 给出了 ETH-80 数据库的示例图像。实验中将所有图像裁剪为 64×64 像素。然后，从每一大类中随机选择 2/2,3/3 和 4/2 个子类作为训练集/验证集,其余的作为测试集。

图 4 - 6　Chars74k 数据库中英文字符图像示例

　　为了验证 QCRC_CP 分类器的有效性,将其与相关的线性表达分类器作对比实验。所比较的分类器主要包括 MRC,LSRC,SRC,NTSRC,GSRC,CRC,TPTSSR 和 DA_TPTSSR。以字典学习的方式进行分类,NTSRC,TPTSSR 和 DA_TPSSSR 属于基于原型选择(PS)的方法,而 MRC,LSRC 和 QCRC_CP 则属于基于原型生成(PG)的方法。另外,SRC,GSRC 和 CRC 分别采用不同的先验假设(即稀疏先验、组稀疏先验和协同先验)来计算测试样本的重构系数。QCRC_CP 分类器有两种变体,记为 QCRC_CP 1 和 QCRC_CP 2(分别对应字典 S_1 和 S_2。对于 QCRC_CP 分类器,扩展后的查询图像集 $K=3$,图像放缩比例 $s_1=1,s_2=0.8$ 和 $s_3=0.5$。依据 TPTSSR 文中的建议,将 TPTSSR 与 DA_TPTSSR 算法第一阶段的阈值设为 $n/2$(即为训练样本集大小的一半)。正则化参数 λ 的候选集合为 $\{10^{-5},10^{-4},\cdots,10^{0}\}$。为公平比较,将 LSRC 的字典大小也设为 $n/2$。实验中,从每一类训练样本中随机选择 p 个样本(子类)作为训练集,q 个样本(子类)作为验证集,剩余的样本作为测试集。为了可靠评估算法性能,在各个数据库上进行训练集/验证集/测试集的随机划分后,将实验重复 10 次,并汇报平均识别率及对应的标准方差。

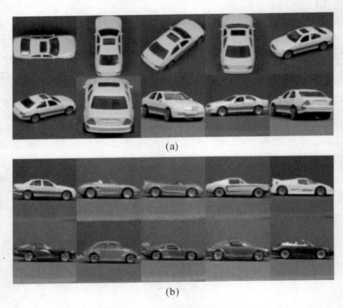

(a)

(b)

图 4-7 ETH-80 数据库图像示例

(a)不同视角下的同一子类物体; (b)同一大类包含的 10 个子类物体

4.4.2 FERET Pose 数据库上的实验结果

表 4-1 给出了不同分类器在 FERET Pose 人脸库上的实验结果。由表 4-1

可以看出,所提的 QCRC_CP 分类器明显优于其他分类器。具体而言,与其他分类器相比,QCRC_CP 2 的平均识别率至少提高了3.9%,3.1%和5.4%。可将其归因于在协同表达机制里,依赖于查询的原型生成算法可有效提高学习字典的鉴别力。另外,MRC 的结果是最差的。仔细分析可知,MRC 采用对训练样本求平均的原型构造方法是与查询图像无关的,且基于均值的类原型不足以保留每一类中的有效鉴别信息。LSRC 的识别率远远低于基于 PS 的方法(如 NTSRC,TPTSSR 与 DA_TPTSSR),这很可能是因为对于 LSRC 来说训练集样本数目过少。通过比较基于不同先验假设的线性表达分类器的性能,可看出 GSRC 的识别率略微高于 SRC。而 CRC 明显优于 SRC 与 GSRC,验证了在多姿态的人脸识别上协同表达相对稀疏表达的优越性。由于依赖于查询的数据局部性能有效去除无用的离群样本,TPTSSR 获得了比 CRC 更高的识别精度。还可以观察到,随着训练样本数目增加,DA_TPTSSR 与 TPTSSR 的性能差距逐渐变大。

表 4－1　FERET Pose 数据库上各种方法的识别率　　　单位:%

方　　法	训练样本 p		
	2	3	4
MRC	27.92±0.79	30.03±1.63	29.90±1.74
LSRC	35.83±2.11	38.07±1.77	39.20±2.87
NTSRC	38.70±1.49	49.62±1.98	56.25±3.21
SRC	34.10±1.35	40.35±1.83	45.60±2.91
GSRC	34.55±1.38	40.35±1.51	46.65±2.60
CRC	40.67±1.11	51.30±1.44	58.85±1.76
TPTSSR	46.68±1.34	58.02±2.27	67.05±2.39
DA_TPTSSR	46.68±1.04	57.15±1.60	64.70±2.65
QCRC_CP 1	48.15±1.15	60.80±2.11	70.30±2.26
QCRC_CP 2	48.52±1.39	59.80±2.51	70.65±2.30

4.4.3 Swedish Leaf 数据库上的实验结果

表 4-2 给出了各种分类器在该数据库上的平均识别率。QCRC_CP 分类器仍然取得了最好的识别结果。在这组实验中,QCRC_CP 的识别率比其他分类器分别至少增加了 4.5%,5.0% 和 3.8%。MRC 仍然是最差的。另外,CRC 与TPTSSR 取得了相近的识别效果,这与在 FERET Pose 数据库上的实验结果差异较大。这可能是由于 15 类叶片数据库中图像的类间变化相对较小,大部分样本都对分类判决产生影响。由图 4-5 可观察到,第一种、第三种和第九种叶片的外观非常接近。尽管 LSRC 的识别结果仍不如 TPTSSR,但是已略微超过 NTSRC。CRC 的表现优于稀疏分类器,而 GSRC 却明显不如 SRC。这也是因为该数据库的类间变化很不明显导致的,因此将所有类别看作一个整体更利于准确分类。

表 4-2 Swedish Leaf 数据库上各种不同方法的识别率　　　单位:%

方　法	训练样本 p		
	25	35	40
MRC	58.59±2.86	59.23±2.35	62.17±1.34
LSRC	76.53±2.16	79.17±1.53	82.13±1.53
NTSRC	75.31±1.76	77.49±2.10	79.07±2.04
SRC	78.11±1.29	77.81±1.20	79.50±1.61
GSRC	74.30±1.89	73.41±1.73	75.53±2.24
CRC	80.56±0.88	81.47±1.28	84.27±1.40
TPTSSR	81.25±0.92	82.45±1.54	84.97±2.27
DA_TPTSSR	77.97±0.97	79.68±1.05	81.57±2.19
QCRC_CP 1	84.91±1.30	86.75±1.54	88.53±1.68
QCRC_CP 2	85.15±1.15	86.61±1.70	88.20±2.01

4.4.4 Chars74k 数据库上的实验结果

表 4-3 列出了不同分类器在 Chars74k 数据库英文字符集上的实验结果。从

表 4-3 可知,QCRC_CP 分类器的识别率显著高于其他分类器,在这三个子集上的识别率增幅分别至少达到了 17.3%,10.4% 和 16.8%。此外,在其他几种基于字典学习的分类器中,TPTSSR 是表现最好的。需要注意的是,在后两个类别较多的英文字母字符集上 CRC 优于 SRC,然而在类别数较少的数字字符集上 CRC 略逊于 SRC。

表 4-3　Chars74k 数据库上各种不同方法的识别率　　　单位:%

方　法	Subset		
	Digit	Lowercase	Uppercase
MRC	28.88±2.18	16.95±1.87	16.57±1.81
LSRC	51.02±5.13	43.28±2.04	44.82±3.17
NTSRC	56.39±2.47	39.47±2.05	44.02±1.55
SRC	63.54±2.94	47.22±1.50	50.86±2.32
GSRC	51.81±3.25	35.12±0.54	37.01±2.25
CRC	62.06±3.50	52.58±1.74	55.50±2.18
TPTSSR	58.73±3.38	45.55±1.61	49.06±1.86
DA_TPTSSR	56.84±2.59	42.51±1.67	45.81±1.62
QCRC_CP 1	74.53±2.15	58.06±1.57	64.83±1.58
QCRC_CP 2	74.55±2.33	58.07±1.56	64.09±1.56

4.4.5　ETH-80 数据库上的实验结果

不同分类器在 ETH-80 数据上的实验结果见表 4-4。QCRC_CP 仍然获得了最好的结果,其识别率较其他分类器分别至少提高了 4.2%,3.1% 和 3.3%。LSRC 在该数据库上的识别率超过了 TPTSSR。这是因为在训练样本数目充足的情况下,LSRC 能够利用更多的信息生成一个更有鉴别力的字典,从而获得更高的识别率。另外,在类别识别上的实验仍证实协同先验较稀疏先验更具优势。

表 4－4　ETH－80 数据库上各种不同方法的识别率　　　单位：%

方　法	训练样本 p		
	2	3	4
MRC	41.65±3.45	43.06±2.71	44.16±5.14
LSRC	61.38±4.65	67.62±2.16	73.67±5.03
NTSRC	58.25±3.38	63.96±4.01	67.25±3.87
SRC	55.20±6.50	59.99±3.12	62.47±6.17
GSRC	48.99±5.89	54.54±3.63	57.16±5.97
CRC	61.38±4.69	66.52±2.38	70.72±4.68
TPTSSR	59.21±4.33	65.72±2.87	70.91±4.65
DA_TPTSSR	54.77±5.12	59.84±3.05	65.74±6.09
QCRC_CP 1	63.98±4.40	69.69±2.60	75.07±3.24
QCRC_CP 2	63.97±4.39	69.76±2.63	75.02±3.12

　　基于这四个数据库上的实验结果,不难发现以下规律。首先,QCRC_CP 分类器总是获得最高识别率,且 QCRC_CP 1 和 QCRC_CP 2 相差无几。其次,MRC 是表现最差的分类器。DA_TPTSSR 的识别性能一般不如 TPTSSR。此外,随着训练样本数目的增加,LSRC 的识别性能逐渐提升。最后,CRC 总是优于 GSRC 与 SRC。

4.4.6　算法效率分析

　　本节通过实验进一步评估各种分类器的预测速度。将实验所采用的四个数据库分为两类:类别数目多于每类训练样本数目的数据库(如 FERET Pose 和 Chars74k)和类别数目少于每类训练样本数目的数据库(如 Swedish Leaf 和 ETH－80)。为简便起见,只需从这两种类型的数据库各选择一个进行实验。实验中,分别选择了 Chars74k 和 ETH－80 数据库。NTSRC,TPTSSR,DA_TPTSSR 和本章所提的 QCRC_CP 分类器中的字典学习方法都属于惰性学习(Lazy Learning),即对每一幅查询图像都要等到字典学习完成后才进行分类预测。为公平比较，也给出了 LSRC 算法字典学习消耗的时间。

图 4 - 8 给出了 Chars74k 和 ETH - 80 数据库上不同分类器的预测时间。由图 4 - 8 可知，MRC 是所有分类器中速度最快的，因为 MRC 是直接通过计算每一类训练样本均值获得字典原子的。另外，由于 CRC 通过预先计算式（4 - 3）中的逆矩阵可大幅节省估计编码系数的时间，因此其预测速度也相当快。显然，SRC 和 GSRC 的速度是最慢的，主要耗费在求解 l_1 范数的优化过程中。GSRC 预测时间略长于 SRC，这和文献[5]的结论保持一致。当每类的训练样本数目较多时（如 ETH - 80 数据库），LSRC 比 QCRC_CP 分类器在字典学习上耗费更长的时间；而在另外一种类型的数据库上（Chars74k），这种情况则又反过来了。

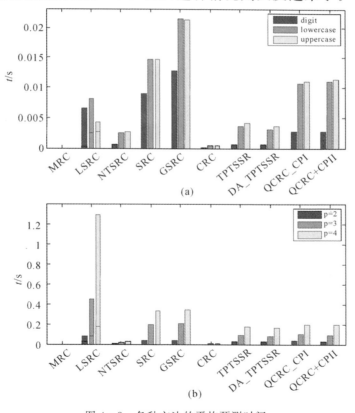

图 4 - 8　各种方法的平均预测时间

（a）Chars74k；（b）ETH - 80（对于 LSRC，柱状图的上半部分代表字典学习的时间，下半部分表示预测时间）

4.4.7　QCRC_CP 分类器的进一步分析

为了对 QCRC_CP 分类器的性能进行更深入的分析,将其粗略地分为两个功能部分,即基于典型相关类原型(Class - specific Prototypes using Canonical Correlation,CPCC)的字典学习方法和基于最小规范化残差的查询扩展 CRC(Query - expanded CRC,QCRC)。首先,使用同一种分类器(即 CRC)去比较不同字典学习方法的性能。就字典学习方法而言,主要比较了以下几种类原型:MRC 分类器的类均值原型(Class Mean Prototype,CMP),NTSRC 分类器的 NTSLSRC 分类器的 LSDL 和 TPTSSR 分类器的第一阶段测试样本(First Phase Test Samples,FPTS)。对于 LSDL 和 FPTS,分别学习了两种不同规模大小的字典,其中较大规模字典的原型数目为原始训练集的一半(记为 LSDL_1 和 FPTS_1),而较小规模字典的原型数目和 CPCC 的原型数目一样(记为 LSDL_2 和 FPTS_2)。另外,还通过比较采用同一种字典学习方法(即 CPCC)时 QCRC 和 CRC 的性能差异,来验证多尺度查询图像扩展和 MNR 的有效性。实验中,在每类中随机选择 p 个样本作为训练集,另外 p 个样本作为验证集,而剩余的样本则作为测试集。

图 4 - 9 给出了 Swedish Leaf 和 Chars74k 上各种方法的识别率随训练样本数目的变化。从图 4 - 9 可以看出,笔者所提的 CPCC 字典学习方法明显优于其他字典学习方法,在 Chars74k 数据库上的识别率增幅甚至达到 10% 以上。这主要归功于基于查询依赖和原型生成的字典学习方法不但能利用数据局部性剔除掉噪声,还能生成代表该类别的稳定的、更具鉴别力的类原型。就基于 PS 的字典学习方法而言,FPTS 始终优于 NTS,这是因为 FPTS 保留了更多相关的样本。对于原型生成方法,LSDL 远远胜过 CMP。与 CMP 相比,LSDL 在动态学习字典的过程中,考虑到了数据局部性和保真性。当训练样本数目不足时,LSDL 甚至不如 NTS,这意味着查询依赖的数据局部性对于字典构造是有益的;随着训练样本个数增加,LSDL 可以学到一个更具鉴别能力的字典,其性能最终也超越了 NTS,这也就验证了基于原型生成的方法从某种意义上来说优于基于原型选择的方法。根据以上实验结果,可知 LSDL 对学习字典的规模变化是比较敏感的,但 FPTS

相对表现更稳定一些,这就进一步验证了依赖查询的数据局部性的重要性。最后,可以发现 QCRC_CP 较 CPCC 存在一定的优势,尤其是在 Chars74k - uppercase 上。这个结果表明多尺度查询图像扩展和 MNR 准则是有效的。总之,所提的 CPCC 字典学习方法和基于 MNR 的 QCRC 是所提方法的有机组成部分,每一部分都能有效提高分类准确度。

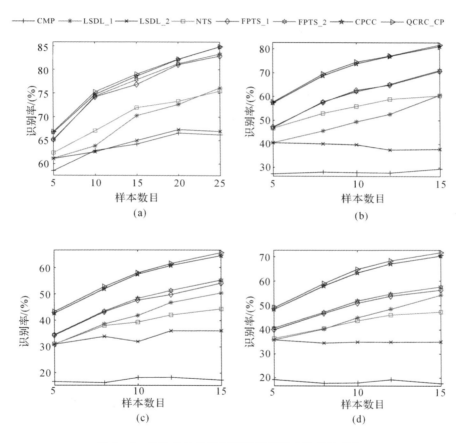

图 4 - 9　各种方法的识别率随训练样本数目的变化

（a）Swedish Leaf；　（b）Chars7k - digit；

（c）Chars7k - lowercase；　（d）Chars7k - uppercase

4.5　本章小结

　　从字典学习的角度出发,提出一种新的线性表达分类器,即基于多尺度查询扩展的协同表达分类器(QCRC_CP),并将其应用到了复杂环境下的物体识别(即处理多姿态的、多视角的、更一般化等情况下的物体识别)。首先将单个查询图像扩展成一个查询集,并基于查询集和典型相关性为每一类构造了依赖于查询集的原型集。然后采用多变量协同表达分类器,根据最小规范化残差准则判定查询图像的类别。最后,为验证算法的有效性,在 ETH-80 数据集上进行通用物体识别实验。实验结果表明 QCRC_CP 分类器优于其他线性表达分类器,同时协同先验在复杂情况下的物体识别要优于稀疏先验。此外,对于线性表达分类器中的字典学习,同时考虑查询依赖和基于原型生成的方法是有益的。

第5章 基于射影向量池度量学习的场景识别

5.1 引　言

在现实世界中,目标的出现都不是孤立的,与周围环境有着密切的关系。图像的场景类别不仅囊括了人们对一幅图像的整体认知,而且还提供了图像中目标物体的上下文信息,从而为引导物体识别等其他场景内容的进一步理解提供了有效的辅助信息。场景识别或场景分类依据视觉感知组织原理,从给定的一组语义类别对图像数据库进行自动标注。对于自然场景而言,一幅图像往往包含了众多元素(如建筑物、行人、山脉、森林等),它们之间的组合布局往往是不可预测的。场景中的景物可以有任意的形状、大小和位置变化,同时由于光照、视角、尺度以及遮挡等因素的影响,往往导致同类场景中空间布局关系存在较大的可变性,而不同类场景之间却可能存在结构上的相似性。与第 3 章和第 4 章研究的物体识别相比,场景识别中的图像存在更大的类内差异和类间相似,因此场景识别任务无疑是极具挑战性的。近年来,场景识别已经成为图像理解和计算机视觉领域的热门研究课题,它对于基于内容的图像检索(CBIR)、视频监控以及照片自动分类等的发展具有重要意义。

为解释场景的内容,得到场景的语义描述,需要建立底层特征描述与高层场景认知之间的联系。目前,大部分场景描述方法主要集中在人类视觉认知的基本层次,主要包括两类:一种是基于底层特征的方法,对场景的颜色和纹理属性进行描述;另一种是基于中高层视觉词汇建模的方法。这两类方法通常都采用多种特征(包括颜色、纹理和形状等)或多模态特征将场景图像表示为一个高维特征向量。由于存在"语义鸿沟"问题,用简单的图像特征的差别来度量场景图像的语义差别是很不合理的。鉴于一个合适的距离度量能有效反映高维空间中样本间的语义距离,本章重点研究适合多特征描述的马氏距离度量学习(Metric Learning, ML)问题,以提高场景分类的准确性。

由式(2-7)知,计算一个距离度量参数矩阵 A 共涉及 d^2 个参数估计。对于高维特征向量,传统的距离度量学习的计算复杂度会以特征维数的二次方甚至三次方速度增加。巨大的计算量严重阻碍了度量学习在实际中的应用。尽管通过将矩阵 A 限制为对角阵可大幅减少计算量,但这会造成特征间相互作用信息的丢失,削弱了距离度量衡量样本间相似性的有效性。另外,由于人工标注样本需要耗费大量的人力,训练样本不易获得,在训练样本数目少、特征维数高的情况下做距离度量学习得到的参数矩阵很容易出现过拟合(Overfitting)问题。此外,场景图像中存在巨大的类内变化和类间相似,这为构建合适的距离度量带来了更多的困难。

5.2 场 景 描 述

由于场景识别中存在巨大的类内变化与类间相似,通常采用多特征融合的方法将场景图像表示为一个高维特征向量。提取四种不同类型的特征,涵盖颜色、纹理、梯度方向等来描述场景图像。这四种特征分别如下。

1. 分块颜色矩特征

颜色矩(Color Moment)的数学基础是图像中的任何颜色分布均可由它的矩来表示。由于大部分颜色分布信息集中在低阶矩,因此仅采用颜色的一阶矩、二阶矩及三阶矩就足以描述区域中的色彩分布情况。其中,一阶矩对应色彩均值(Mean);二阶矩对应色彩标准差(Standard Deviation),它是色彩对比度的量度,描述了颜色直方图的相对平滑度与分散度;三阶矩对应色彩偏度(Skewness),表达了颜色直方图曲线相对于均值的对称性,描述了色彩的起伏分布。具体地说,分块颜色矩特征的提取过程为,首先将图像分成 3×3 大小的单元格,然后在每个单元格上分别计算每一个颜色分量(R,G 和 B)的 3 个低阶矩,最后形成了一个 81 维的颜色特征向量。

2. LBP 纹理特征

LBP 是一种用于描述图像局部纹理特征的算子,一定程度上不受光照变化的影响。实验中,提取了一个 59 维的 LBP 直方图特征向量。

3. Gabor 小波纹理特征

二维 Gabor 小波具有较好的空间局部性和方向选择性,可提取图像特定区域内多尺度、多方向的纹理特征。为获取多尺度的 Gabor 特征,一般采用 5 个尺度和 8 个方向构成的 40 个 Gabor 小波滤波器对图像进行滤波。实验中,首先将图像尺寸调整为 64×64 像素,接着通过 Gabor 滤波器组和其卷积生成 40 幅相应图像,再计算每幅图像上的 3 个低阶矩,最后生成一个 120 维的 Gabor 纹理特征向量。

4. HOG 特征

图像内各个像素点的梯度幅值在某种程度上反映了区域的边缘锐度,而梯度方向反映了各个点处的边缘方向。首先将给定图像转换为灰度图,再采用 Canny 边缘检测算子计算出每个像素的梯度幅值与梯度方向。用梯度方向直方图统计图像像素的梯度方向,梯度直方图的范围是 $0° \sim 360°$,其中每 $10°$ 一个 Bin,总共 36 个 Bin。此外,新增的一个 Bin 用来统计无边缘信息的像素个数。最后形成了一个 37 维的特征向量。

5.3　基于正则化线性判别分析的距离度量学习

针对度量学习中的难点问题,提出了一种基于正则化线性判别分析(Regularized LDA,RLDA)的马氏距离度量学习算法。该方法结合线性维数约简(LDR)算法和传统度量学习算法的优点。为降低算法复杂度,该算法将距离度量学习的全参数矩阵 **A** 分解为一个射影矩阵和一个非负对角矩阵的乘积。首先,多次改变 RLDA 的正则化参数生成一个射影向量集合将原始样本映射到新的空间。然后,基于边信息,在构建的训练数据集上通过 l_2 范数正则化的非负最小二乘选择射影集中的向量并对其加权。

给定 n 个训练样本 $\{x_i, y_i\}_{i=1}^n$，其中，样本类别 $y_i = 1, 2, \cdots, C, n = \sum_{c=1}^C n_c, n_c$ 表示第 c 类样本的个数。为保证距离度量矩阵 A 的 PSD 性质，所提的算法框架首先将其分解为一个射影矩阵 P 和一个非负对角矩阵 Λ 的乘积。于是，式（2-7）可重写为

$$d_P(x_i, x_j) = \sqrt{(x_i - x_j)^{\mathrm{T}} P^{\mathrm{T}} \Lambda P (x_i - x_j)} = \sqrt{(x_i - x_j)^{\mathrm{T}} \sum_{k=1}^q (\alpha_k p_k p_k^{\mathrm{T}})(x_i - x_j)}$$

$$(5-1)$$

式中，$\alpha_k \geqslant 0$ 是矩阵 Λ 的对角元素；p_k 表示矩阵 P 的第 k 个列向量。相应地，A 可以看作是多个秩为 1 的基矩阵的凸稀疏组合。本章所提算法本质上就是解决如何选择和加权这些秩为 1 的基矩阵的问题。这样就使得全参数马氏距离度量学习需要估计的参数从 d^2 下降到 q，大幅度降低了计算复杂度。

5.3.1 基于正则化线性判别分析的射影矩阵

LDA 是一种监督学习方法，其基本思想是将高维样本投影到最佳的向量空间，使得投影后的样本在新的空间有最大的类间距离和最小的类内距离，从而使样本在新的空间中具有最佳可分性。但是，实际中经常会出现因训练样本不足引起类内散布矩阵奇异的"小样本"（Small Sample Size，SSS）问题，从而导致算法严重失效。RLDA 算法通过在传统 LDA 的目标函数中添加正则化项，可以解决类内散布矩阵奇异问题。Ramanan 等人提出在 LMNN 算法生成的候选集上应用 RLDA 学习一个局部度量，并指出该算法甚至可以媲美某些传统的度量学习算法（如 LMNN）。与 LMNN 不同，为估计一个全局度量，将采用 RLDA 构建射影向量集合。RLDA 的目标函数定义为

$$\arg\max_P \mathrm{tr}(P^{\mathrm{T}} \Sigma_B P)$$
$$\text{s. t.} \quad P^{\mathrm{T}}(\Sigma_W + \lambda I)P = I \qquad (5-2)$$

式中，$\Sigma_B = \frac{1}{s}\sum_{c=1}^s \mu_c \mu_c^{\mathrm{T}}$ 和 $\Sigma_W = \frac{1}{n}\sum_{c=1}^s \sum_{i \in \Omega_c}(x_i - \mu_c)(x_i - \mu_c)^{\mathrm{T}}$ 分别表示类间与类内散布矩阵；λ 为正则化系数；$\mathrm{tr}(\cdot)$ 表示求迹运算。

　　然而,直接采用 RLDA 生成射影矩阵可能会使得射影向量集不够多样化而无法充分捕获图像特征中最具鉴别力的信息。为此,本章提出通过多次改变 RLDA 的正则化系数 λ 生成一组候选射影集合矩阵 $\{P_i\}_{i=1}^{l}$。然后,采用 Gram – Schmidt 正交化方法求其正交基后得到 $\{\breve{P}_i\}_{i=1}^{l}$。再将这组候选射影矩阵连接起来形成最终的射影矩阵:

$$P_{pl} = [\begin{array}{cccc} \breve{P}_1 & \breve{P}_2 & \cdots & \breve{P}_l \end{array}]^{\mathrm{T}} \tag{5-3}$$

　　最后,通过射影矩阵 P_{pl},将原始数据 $X = [\begin{array}{cccc} x_1 & x_2 & \cdots & x_n \end{array}] \in \mathbf{R}^{d \times n}$ 映射到新的空间,即

$$\hat{X} = P_{pl} X \tag{5-4}$$

式中,$\hat{X} \in \mathbf{R}^{q \times n}$ 为射影后的数据;$q = l(C-1)$。

　　通过构建的射影矩阵将原始数据映射到新的空间后会使度量学习的复杂度大幅降低。也就是说,度量学习中需要估计的参数个数由 d^2 个降为 q 个(大多数情况下,$q \leqslant d$)。将式(5-3)和式(5-4)代入式(5-1),可得

$$d_P(x_i, x_j) = \sqrt{(P_{pl}x_i - P_{pl}x_j)^{\mathrm{T}} \Lambda (P_{pl}x_i - P_{pl}x_j)} = $$
$$\sqrt{(\hat{x}_i - \hat{x}_j)^{\mathrm{T}} \Lambda (\hat{x}_i - \hat{x}_j)} \tag{5-5}$$

5.3.2　相似样本对子集与相异样本对子集

　　近来,有监督距离度量学习算法常常利用样本对之间形成的两种样本对约束:即同类样本之间形成的对等关系(Equivalence Relation)和异类样本之间形成的不对等关系(Inequivalence Relation)最小化同类样本之间距离并最大化异类样本间距离。为了在距离度量学习中反映这两种样本对约束,将相似样本对子集 $\mathcal{S}$ 和相异样本对子集 $\mathcal{D}$ 分别定义为

$$\left. \begin{array}{l} \mathcal{S} = \{(x_i, x_j) : y_{i,j} = 0\} \\ \mathcal{D} = \{(x_i, x_j) : y_{i,j} = 1\} \end{array} \right\} \tag{5-6}$$

式中,指示变量 $y_{i,j} \in \{0,1\}$。若样本 x_i 和 x_j 属于同一类时(即 $y\_i = y\_j$),$y\_\{i,j\} = 0$;否则 $y\_\{i,j\} = 1$。通常,为了学习一个有效的距离度量,应尽可能使子集 S 中的样本对尽量靠近,子集 $\mathcal{D}$ 中的样本对尽量远离。

根据以上定义,不难发现式(5-5)中定义的距离度量并不需要直接访问 $\mathcal{S}$ 或 $\mathcal{D}$ 中的样本对。实际上,距离度量可以通过射影后样本对差向量的二次方来计算。于是,式(5-5)可以改写为

$$d_{\boldsymbol{P}}(\boldsymbol{x}_i,\boldsymbol{x}_j)=\sqrt{\mathrm{Diag}\,(\boldsymbol{\Lambda})^{\mathrm{T}}\hat{\boldsymbol{x}}_{i,j}} \tag{5-7}$$

式中, $\hat{\boldsymbol{x}}_{i,j}=\left[(\hat{x}_{i1}-\hat{x}_{j1})^2 \quad \cdots \quad (\hat{x}_{iq}-\hat{x}_{jq})^2\right]^{\mathrm{T}}$ 为射影样本对差向量的二次方; $\mathrm{Diag}(\boldsymbol{\Lambda})$ 的对角元素表示为向量形式。于是,相似样本对子集与相异样本对子集重新定义为 $\mathcal{S}'=\{\hat{\boldsymbol{x}}_{i,j}:y_{i,j}=0\}$ 和 $\mathcal{D}'=\{\hat{\boldsymbol{x}}_{i,j}:y_{i,j}=1\}$。

相似样本对子集 $\mathcal{S}'$ 和相异样本对子集 $\mathcal{D}'$ 形成了一个大规模训练数据集,其样本数量级达到 $O(n^2)$ $\left[\text{确切地为}\dfrac{(n-1)(n-2)}{2}\right]$。另外,子集 $\mathcal{D}'$ 中的样本数通常远大于子集 $\mathcal{S}'$ 中的样本数,从而形成了一个极不平衡的训练集。这就要求学习算法能够同时适应数据的规模和不平衡性。为此,将采用一种简单的基于 K 近邻的方法来解决这个问题。受到 LMNN 算法中关于目标近邻与入侵样本定义的启发,在尽量保存 $\mathcal{D}'$ 中最具代表性的样本的前提下,缩小 $\mathcal{D}'$ 的规模。具体步骤为,给定一个输入样本,首先找出 K_s 个与输入样本同类别的最近邻。假设该输入样本与这些同类最近邻样本间的最大距离为 d_s,在以输入样本为圆心,d_s 为半径的范围内选出 K_d 个相异样本。其中,输入样本与 K_s 个相似样本的差向量二次方构成相似样本对子集 $\mathcal{S}'$,而与 K_d 个相异样本的差向量二次方则形成相异样本对子集 $\mathcal{D}'$。采用这种方案,使训练集样本数目大幅降低。同时,$\mathcal{S}'$ 与 $\mathcal{D}'$ 中的样本个数也保持相对平衡。需要注意的是,笔者提出的处理训练数据集的方法是在 RLDA 射影空间内进行的,而 LMNN 则是在原始的样本空间内进行的。

5.3.3 非负对角选择矩阵

利用 5.3.2 小节构建的训练数据集 $\mathcal{S}'$ 和 $\mathcal{D}'$,此时距离度量学习问题可定义为

$$\arg\min_{\boldsymbol{\alpha}}\mathcal{L}_{\alpha}(\mathcal{S}',\mathcal{D}')+\lambda_1\Omega(\boldsymbol{\alpha}) \tag{5-8}$$

式中,$\boldsymbol{\alpha}$ 是系数向量;$\mathcal{L}(\cdot)$ 是损失函数;$\Omega(\cdot)$ 是正则项;λ_1 是正则化系数。

为了学习一个有效的距离度量,正则项 $\Omega(\cdot)$ 的构建需满足以下三点要求:
①考虑到候选射影集中的射影向量间存在冗余,正则化项应具有子集选择作用,

即系数 $\boldsymbol{\alpha}$ 是稀疏的;②为保持度量学习的参数矩阵的 PSD 特性,$\boldsymbol{\alpha}$ 应该是非负的;③应具有良好的预测性能。为了满足以上条件,本章采用由 l_2 范数约束的非负最小二乘对射影向量进行选择和加权,即

$$\boldsymbol{\alpha}^* = \arg\min_{\alpha \geqslant 0} \frac{1}{2} \| \hat{\boldsymbol{X}}_{i,j}^{\mathrm{T}} \cdot \boldsymbol{\alpha} - \boldsymbol{Y}_{i,j}^{\mathrm{T}} \|_2^2 + \lambda_1 \| \boldsymbol{\alpha} \|_2^2 \qquad (5-9)$$

式中,$\hat{\boldsymbol{X}}_{i,j} \in \mathbf{R}^{q \times N}$ 和 $\boldsymbol{Y}_{i,j} \in \mathbf{R}^{1 \times N}$ 分别表示射影样本对二次方差向量与指示向量的矩阵形式;N 为新构建的训练集样本数。

将式(5-3)与式(5-9)代入式(5-5)中,得到最终的距离度量矩阵为

$$\boldsymbol{M} = \boldsymbol{P}_{pl}^{\mathrm{T}} \boldsymbol{\Lambda} \boldsymbol{P}_{pl} \qquad (5-10)$$

式中,$\boldsymbol{\Lambda} = \mathrm{diag}(\boldsymbol{\alpha}^*)$ 将向量 $\boldsymbol{\alpha}^*$ 转换为一个对角阵。

5.4　实验结果与分析

为了客观评价本章所提基于正则化线性判别分析的度量学习算法的有效性,在两个具有代表性的场景识别图像库上与相关算法进行了对比实验。首先,简要介绍了实验所用的数据集及相关参数设置;其次,介绍了实验所采用的特征提取方法;然后,给出了两个场景图像数据库上不同度量学习算法的实验结果;最后,评价了不同度量学习算法的效率。

5.4.1　实验数据集与参数设置

本节使用两个常见的场景识别图像库来验证本章所提算法的有效性。这两个数据库分别如下。

(1)8 类自然场景数据库:由 Oliva 与 Torralba 提供的,包含 8 类自然场景,其中 Coast 场景 360 幅、Forest 场景 328 幅、Mountain 场景 274 幅、Open Country 场景 410 幅、Highway 场景 260 幅、Inside city 场景 308 幅、Tall Building 场景 356 幅、Street 场景 292 幅,共 2 588 幅图像。每幅图像的分辨率为 256×256 像素。如图 5-1 所示为这 8 类自然场景的示例图像。

Coast   Forest   Mountain   Open Country

Highway   Inside city   Tall Building   Street

图 5-1　8 类自然场景数据库图像示例

（2）8 类运动场景数据库：由 Li 等人创建的，包括 8 类运动场景，其中 Rowing 场景 250 幅、Badminton 场景 200 幅、Polo 场景 182 幅、Bocce 场景 137 幅、Snowboarding 场景 190 幅、Croquet 场景 236 幅、Sailing 场景 190 幅、Rockclimbing 场景 194 幅，共 1 579 幅图像。该数据库中的图像尺寸大小不一，分辨率从 800×600 像素到百万像素。如图 5 - 2 所示为这 8 类运动场景的示例图像。

图 5 - 2　8 类运动场景数据库图像示例

这两个数据库都具备以下特点:

1)同类场景中的图像受光照条件、拍摄角度、旋转、遮挡、尺度变换等诸多因素的影响;

2)同类场景中存在大致相同的结构元素或各种目标类,但其外观表现或元素的布局关系有很大差异;

3)不同类场景可能具有较高的整体外观和形状相似度。

以上因素给场景分类任务带来了巨大的挑战,因此这两个数据集常用来评价不同算法的优劣。

为验证本章所提距离度量学习算法的有效性,将其与现有的相关算法进行比较实验。所比较的算法主要包括 PCA、RLDA(固定正则化参数 $\gamma = 1$)、RLDA(可变 γ)、ITML 算法、Xiang's 算法以及 LMNN 算法等。实验中,分别从每一类场景随机选取 t 幅(实际上为 20 幅或 40 幅)图像用于训练,另外 t 幅图像用于验证,剩余的图像作为测试集。为了准确评价算法性能,进行 10 次训练集、验证集与测试集的随机划分,并汇报 10 次测试的平均识别率及相应的标准方差。另外,还采用多类分类混淆矩阵来评价算法性能,它代表不同场景类间的联合分类性能。与 LMNN 保持一致,实验统一采用 3 近邻分类器。

5.4.2　8 类自然场景数据库上的实验结果

如图 5-3 所示,给出了 8 类自然场景数据库上当 $t = 40$ 时的多类分类性能混淆矩阵(图中仅显示了误分率大于 10% 的数值)。图中横轴表示场景的预测类别,纵轴表示场景的真实类别。由图 5-3 可见,多类场景之间的误分率均保持较低的水平,其中 Forest 场景的分类准确率最高,而 Open Country 场景最低。Forest 场景主要包含致密的纹理结构(树叶),树木的向上生长决定了其具有显著的方向特性,因此这类场景的类内变化相对较小;相反地,Open Country 场景包含天空、原野、公路、河流、树木等多种元素,类内差异较大,因此产生了 36% 的最大误分率。Coast 场景和 Highway 场景及 Open Country 场景由上而下大致主要包括天空和海洋、天空和公路以及天空和原野,它们三者在整体布局结构上类似,具有显著的水平方向能量及大致相同的观察尺度,因此这三个场景之间的误分率较高。

此外,由于 Inside City 场景与 Street 场景中都包含建筑物和公路等相似元素,所以这两类场景也容易发生混淆。

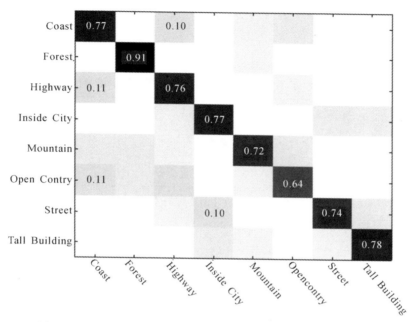

图 5-3　8 类自然场景数据库上的多类分类性能混淆矩阵($t=40$)

表 5-1 给出了不同算法的实验结果。显然,当用于训练和验证的样本数目增大时(即 t 增大),各种方法的平均识别率都有所提高。由表 5-1 可知,传统的基于 ML 的算法(如 ITML 与 LMNN)的平均识别率远远高于 PCA,这主要归因于利用标注样本信息或者边信息可有效提高度量学习的性能。然而,当 $t=20$ 时,Xiang's 算法与 PCA 相比几乎没有取得任何优势。这是由于相似样本对子集 $\mathcal{S}'$ 中的样本个数不足,从而导致该方法中估计的协方差矩阵不可靠。通过实验证实,将协方差矩阵的对角元素略微增大,Xiang's 算法的平均识别率在 $t=20$ 时能达到 50.05%。另外,基于 RLDA 的方法甚至优于一些复杂的基于 ML 的方法。笔者认同文献中的分析,认为这是由于基于 RLDA 的方法通过正则项的引入而更加适合处理过拟合问题。一方面,当训练样本有限时在高维特征空间上进行度量学习就可能引起过拟合问题。另外一方面是因为用于场景分类的数据库一般存

在相对较大的类内变化，基于 ML 的方法（如 LMNN）需要定义一个初始度量（欧氏距离）来表达样本对约束关系，而笔者所提的度量学习算法则是在 RLDA 射影后的空间中对特征向量进行选择和加权的。总之，本章所提的算法明显优于其他方法，在 8 类自然场景图像集上取得了 $(69.40 \pm 1.31)\%$（$t=20$）和 $(75.61 \pm 1.15)\%$（$t=40$）的平均识别率。

表 5-1　8 类自然场景数据库上各种方法的识别率　　　　单位：%

方　　法	$t=20$	$t=40$
	识别率/（%）	识别率/（%）
PCA	50.00 ± 0.80	55.42 ± 1.31
RLDA($\gamma=1$)	67.31 ± 1.51	73.80 ± 1.05
RLDA	68.60 ± 1.48	75.17 ± 1.85
ITML	64.71 ± 2.01	66.27 ± 1.90
Xiang's	49.82 ± 0.80	65.71 ± 1.80
LMNN	65.66 ± 1.55	71.85 ± 1.14
Our	69.40 ± 1.31	75.61 ± 1.15

5.4.3　8 类运动场景数据库上的实验结果

如图 5-4 所示，给出了 8 类运动场景数据库上 $t=40$ 时的多类分类性能混淆矩阵（图中仅显示了误分率大于 10% 的数值）。由图 5-4 可以看出，Croquet 场景和 Boccce 场景取得的分类准确率最低。这主要是因为这两类场景有着相似的空间布局及结构元素，前景一般包括人和球，背景多是草地或室外运动场地等。另外，Polo 场景也容易和 Bocce 以及 Croquet 场景发生混淆，因为这三类运动场景有着相似的背景，大部分是在草地上进行的。同样的情况也发生在 Sailing 场景与 Rowing 场景上，这两类运动都是在大片水域上进行的，因此误分率相对较高。

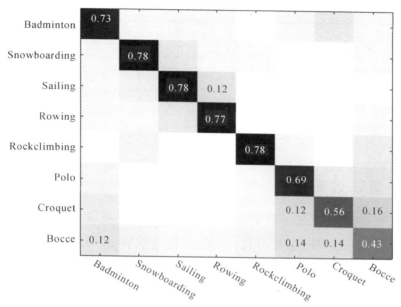

图 5-4　8 类运动场景数据库上的多类分类性能混淆矩阵($t=40$)

　　表 5-2 列出了不同度量学习算法的实验结果。与上一个实验结果类似,笔者所提的度量学习算法仍获得最高的准确率,平均识别率分别达到了(62.79 ± 1.81)%($t=20$)和(70.14 ± 1.52)%($t=40$)。值得注意的是,与 8 类自然场景数据库上的实验结果相比,本章所提算法在 8 类运动场景数据库上获得了相对较大的识别准确率提升。仔细对比这两个数据集,不难发现运动场景数据库比自然景观数据库有着更大的类内变化,因而更具挑战性。这说明与其他算法相比,本章所提方法具有明显优势,在较难的数据库上能够获得更大的性能提升。

表 5-2　8 类运动场景数据库上各种方法的识别率　　　　单位:%

方　　法	$t=20$	$t=40$
	识别率/(%)	识别率/(%)
PCA	45.68 ± 2.83	54.19 ± 2.42
RLDA($\gamma=1$)	59.95 ± 1.72	67.37 ± 2.35
RLDA	60.81 ± 2.53	68.82 ± 1.97

续表

| 方 法 | $t=20$ | $t=40$ |
	识别率/(%)	识别率/(%)
ITML	54.29±3.91	59.86±1.28
Xiang's	46.47±1.89	58.85±1.94
LMNN	60.18±1.94	67.70±1.77
Our	62.62±0.91	70.44±1.96

5.4.4　算法效率分析

另外,本节通过实验进一步评估不同距离度量学习算法的时间效率。实验结果如图 5-5 所示。由图 5-5 可见,本章所提方法在这两个数据库上的运行速度仅略微慢于 RLDA,却远远快于其他传统的距离度量学习算法。具体地说,当 $t=40$ 时,所提方法在 8 类自然场景数据库上耗时 4.48 s,运行速度分别是 Xiang's,ITML 以及 LMNN 的 4 倍、80 倍和 60 倍。在 8 类运动场景数据库上,笔者的方法耗时 3.75 s,仅占 Xiang's,ITML 和 LMNN 运行时间的 15.74%,1.02% 和 1.41%。RLDA 在这两个数据集上的耗时均为 1.77 s。

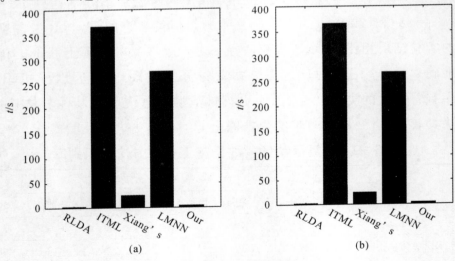

图 5-5　各种方法运行时间对比($t=40$)

(a) 8 类自然场景数据库；　(b) 8 类运动场景数据库

5.5　本章小结

　　由于场景识别中存在巨大的类内变化和类间相似,因此为其构建合适的距离度量是一项非常有挑战性的工作。本章在对已有的相关距离度量学习算法进行总结概括的基础上,针对现有算法的缺点和局限性,提出了一种基于正则化线性判别分析的距离度量学习算法。一般而言,在训练样本数目少、特征维数高的情况下距离度量学习算法复杂度过高,且很容易出现过拟合。本章提出了一种新的算法框架来解决这些问题。该算法框架通过将要距离度量学习的参数矩阵分解为一个射影矩阵与一个非负对角阵的乘积,可大幅减少要估计的参数数目。首先,为充分捕获图像的特征信息,采用不同参数的 RLDA 生成候选射影集合。然后,在构建的训练数据库上通过 l_2 范数正则化的非负最小二乘选择并加权射影向量。训练数据库是由通过 RLDA 射影后的样本对的差向量的二次方构建的相似样本对子集与相异样本对子集组合而成的。同时,为了保持训练库中两个子集中样本数目的相对平衡并缩小数据规模,提出了一种简单却有效的策略。此外,附加在最小二乘法上的非负约束可以保证所估计的参数矩阵的 PSD 特性。最后,在两个有代表性的场景识别上的实验结果说明该算法在精度上超过了其他算法,且保持较快的速度。

第6章 基于样本核化度量学习的
行人再识别

6.1 引　言

近年来,随着视频监控系统在许多领域的大量应用,行人再识别作为一项重要的智能视频分析技术,引起了学术界和工业界的广泛关注。行人再识别技术是指让计算机识别不同摄像机下的行人是否为同一行人目标,该项技术可广泛应用于智能视频监控、安保、刑侦等领域。然而,在实际的监控环境中存在复杂的背景变化、光照变化、视角变化、遮挡以及行人姿态变化等,导致同一行人在不同的监控视频中外观差异大,使得行人再识别依然是一项非常具有挑战性的研究问题。

面对这些挑战,研究者们一般关注两个核心问题:一是如何建立更有区分性且鲁棒的特征来描述行人外观;二是如何获得一个有效的距离度量来衡量行人的相似性。当样本数据集规模较大时,基于特征设计的行人再识别算法很难精准快速地识别出目标行人。而基于距离度量学习的方法通过学习一个线性变换,将原始特征空间投影到另一个更具区分性的空间,可显著提高分类识别的能力,因此获得了广泛的应用。即使只用很简单的颜色直方图作为特征,距离度量学习算法的性能往往也优于其他算法。

经典的度量学习方法包括大间隔最近邻(Large Margin Nearest Neighbor,LMNN)和基于信息论的度量学习(Information Theoretic Metric Learning,ITML)。在行人再识别问题中,行人的特征表达往往包含图像的多种统计信息,特征维数较高,由于上述方法优化策略复杂,因此不适合大规模的行人再识别。Kostinger 等人基于高斯分布的假设,提出了保持简单直接的度量学习(Keep It Simple and Straightforward Metric,KISSME)算法。该方法通过似然比来检验两幅行人图像的相似性,计算速度快且准确率高。

现有的度量学习方法大多是基于样本在原始特征空间是线性可分这一假设条件下学习得到的线性投影矩阵,而在实际情况中样本在原始空间中是线性不可分的,因此需要非线性函数对样本进行分类,该计算过程比较复杂。为解决这一问题,可将度量学习方法与核函数结合形成基于核方法的距离度量学习。该方法将"核技巧"引入度量学习,通过将非线性映射转换成核函数的形式,隐式地完成将低维空间线性不可分的样本投影到高维空间而线性可分,从而提高分类识别的能力。本章提出了两种基于核度量学习的行人再识别技术。

6.2　基于锚定核的度量学习

为提高距离度量矩阵的计算效率并防止过拟合,本节提出了一种基于锚定核的度量学习(Anchored Kernel Metric Learning,AKML)算法,该算法将度量矩阵 $\boldsymbol{M}$ 分解为 K 个秩为 1 的基矩阵 $\boldsymbol{B}_k$ 之和,并进一步假设这些基矩阵可以表示为锚定样本的线性组合。基于该框架,在锚定样本邻域内应用正则化线性判别分析学习(RLDA)合并系数,再采用非负约束的逻辑斯谛回归学习对角元素。此外,可将复杂的核函数融入此算法框架,进而提高算法性能。

6.2.1　锚定样本度量学习

给定 N 个训练样本 $\{\boldsymbol{x}_i, \boldsymbol{y}_i\}_{i=1}^{N}$,其中 $\boldsymbol{x}_i \in \mathbf{R}^d$ 表示第 i 个样本的特征向量,$\boldsymbol{y}_i \in [1 \quad 2 \quad \cdots \quad s]$ 表示样本类别。任意一个样本对 $(\boldsymbol{x}_{k1}, \boldsymbol{x}_{k2})$ 有一个相关联的指示变量 $l_k : l_k = 1$,如果 $y_{k1} = y_{k2}$;否则 $l_k = -1$。成对约束定义为 $C = \{\boldsymbol{x}_{k1}, \boldsymbol{x}_{k2}, l_k\}_{k=1}^{N'}$,其中 N' 表示样本对个数。为避免过拟合问题,首先将度量矩阵 $\boldsymbol{M}$ 分解为 K 个秩为 1 的半正定矩阵(基矩阵)之和,即

$$\boldsymbol{M} = \boldsymbol{B}\boldsymbol{\Lambda}\boldsymbol{B}^{\mathrm{T}} = \sum_{k=1}^{K} \alpha_k \boldsymbol{b}_k \boldsymbol{b}_k^{\mathrm{T}} = \sum_{k=1}^{K} \alpha_k \boldsymbol{B}_k \qquad (6-1)$$

式中,$\boldsymbol{b}_k$ 是矩阵 $\boldsymbol{B} = [\boldsymbol{b}_1 \quad \boldsymbol{b}_2 \quad \cdots \quad \boldsymbol{b}_K]$ 的第 k 个列向量;$\alpha_k \geqslant 0$,是矩阵 $\boldsymbol{\Lambda}$ 的对角元素。相应地,$\boldsymbol{M}$ 可以看做是多个秩为 1 的基矩阵的稀疏组合。而学习一个高阶的度量矩阵实质上就是解决如何选择和加权这些基矩阵的问题。这种算法框架使

得全参数马氏距离度量学习需要估计的参数从 d^2 个下降到 K 个，大幅度降低了计算复杂度。

文献[17]在核分类算法框架下将参数矩阵 $\boldsymbol{M}$ 表示为成对约束或三元组约束的形式。受此启发，笔者提出将该思想融入式(6-1)中。此外，在理想情况下，每一个锚定样本点驻留在一个特定类的子空间中，因此可用一组锚定样本点集来代表整个训练集。于是，假设这些基矩阵可以进一步表示为锚定样本集的线性组合，即

$$\boldsymbol{B}_k = \left(\sum_{q=1}^{Q} w_q^k \boldsymbol{s}_q\right)\left(\sum_{q=1}^{Q} w_q^k \boldsymbol{s}_q\right)^{\mathrm{T}} \tag{6-2}$$

式中，$\boldsymbol{s}_q$ 是第 q 个锚定点；w_q^k 是第 k 个基矩阵的合并系数。

给定训练集 $\boldsymbol{X} = [\boldsymbol{x}_1 \quad \boldsymbol{x}_2 \quad \cdots \quad \boldsymbol{x}_N] \in \mathbf{R}^{d \times N}$，采用 K 均值聚类获得 Q 个锚定样本点，生成一个锚定样本矩阵 $\boldsymbol{S} = [\boldsymbol{s}_1 \quad \boldsymbol{s}_2 \quad \cdots \quad \boldsymbol{s}_Q] \in \mathbf{R}^{d \times Q}$。将式(6-5)代入式(6-4)中，马氏距离的二次方可以表示为

$$\begin{aligned}
d_{\boldsymbol{M}}^2(\boldsymbol{x}_i, \boldsymbol{x}_j) &= (\boldsymbol{x}_i - \boldsymbol{x}_j)^{\mathrm{T}} \boldsymbol{M}(\boldsymbol{x}_i - \boldsymbol{x}_j) = \\
&(\boldsymbol{x}_i - \boldsymbol{x}_j)^{\mathrm{T}} \boldsymbol{S} \boldsymbol{W} \boldsymbol{\Lambda} \boldsymbol{W}^{\mathrm{T}} \boldsymbol{S}^{\mathrm{T}} (\boldsymbol{x}_i - \boldsymbol{x}_j) = \\
&(\hat{\boldsymbol{x}}_i - \hat{\boldsymbol{x}}_j)^{\mathrm{T}} \boldsymbol{W} \boldsymbol{\Lambda} \boldsymbol{W}^{\mathrm{T}} (\hat{\boldsymbol{x}}_i - \hat{\boldsymbol{x}}_j)
\end{aligned} \tag{6-3}$$

式中，$\hat{\boldsymbol{x}}_i = \boldsymbol{S}^{\mathrm{T}} \boldsymbol{x}_i \in \mathbf{R}^Q$ 是锚定样本矩阵和原始数据的内积；矩阵 $\boldsymbol{W} \in \mathbf{R}^{Q \times K}$ 的元素是锚定样本系数 w_q^k；矩阵 $\boldsymbol{\Lambda}$ 的元素表示基矩阵系数。

用锚定样本矩阵将原始数据映射到新的特征空间 $\hat{\boldsymbol{X}}$ 后，紧接着的问题是如何生成有鉴别力的基矩阵。本章提出在由锚定样本点构建的不同局部区域内采用正则化线性判别分析(Regularized Linear Discriminant Analysis，RLDA)来学习基矩阵。对于每一个锚定点 $\boldsymbol{s}_q$，从每一类中选出 m 个最近邻作为局部邻域 $\boldsymbol{N}_q$。显然，不同的局部邻域所包含的样本点也不尽相同。然后，再在每个 $\boldsymbol{N}_q$ 上应用 RLDA，提取前 L 个特征向量形成 $\boldsymbol{W}_q \in \mathbf{R}^{Q \times L}$。将所有从不同邻域中得到的特征向量连接起来，可得

$$\boldsymbol{W} = [\boldsymbol{W}_1 \quad \boldsymbol{W}_2 \quad \cdots \quad \boldsymbol{W}_Q] \in \mathbf{R}^{Q \times K} \tag{6-4}$$

式中，$K = LQ$。

将式(6-4)代入式(6-3),可得

$$d_{M}^{2}(\boldsymbol{x}_i,\boldsymbol{x}_j)=(\breve{\boldsymbol{x}}_i-\breve{\boldsymbol{x}}_j)^{\mathrm{T}}\boldsymbol{\Lambda}(\breve{\boldsymbol{x}}_i-\breve{\boldsymbol{x}}_j)=d_{\boldsymbol{\Lambda}}^{2}(\breve{\boldsymbol{x}}_i,\breve{\boldsymbol{x}}_j) \tag{6-5}$$

式中,$\breve{\boldsymbol{x}}_i=\boldsymbol{W}^{\mathrm{T}}\boldsymbol{S}^{\mathrm{T}}\boldsymbol{x}_i\in\mathbf{R}^K$。从式(6-5)可知,度量学习中需要估计的参数个数由 d^2 个降为 K 个。

在成对约束 $C=\{\boldsymbol{x}_{k1},\boldsymbol{x}_{k2},l_k\}^{N'}_{k=1}$ 下,寻找最优的基矩阵系数问题可以看作是一个二分类问题。本章采用非负正则化逻辑斯谛回归来估计基矩阵系数,其优化函数为

$$\min_{\alpha\geqslant 0}\sum_{k=1}\lg(1+\exp(l_k(d_{\boldsymbol{\Lambda}}^{2}(\breve{\boldsymbol{x}}_{k1}\breve{\boldsymbol{x}}_{k2})+c)))+\lambda\parallel\boldsymbol{\alpha}\parallel_1 \tag{6-6}$$

式中,$\boldsymbol{\alpha}=[\alpha_1\ \ \alpha_2\ \ \cdots\ \ \alpha_K]^{\mathrm{T}}$ 表示基矩阵系数向量;$\lambda\geqslant 0$ 为正则化参数。式(6-9)中的第一项为逻辑斯谛回归损失函数,第二项是 l_1 范式正则化。考虑到基矩阵集中存在冗余,因此采用 l_1 范式正则化可以生成一个稀疏的解。同时,为保持参数矩阵的 PSD 特性,系数 α 是非负的。

6.2.2　锚定核度量学习

由式(6-3)可知,线性映射 $\boldsymbol{S}^{\mathrm{T}}\boldsymbol{x}$ 将原始数据 $x\in\mathbf{R}^d$ 映射到一个新的特征空间 $H_l\in\mathbf{R}^Q$。在基于核函数的方法中,用一个非线性映射 $\phi(x)$,映射 $\boldsymbol{k}=\boldsymbol{\varphi}(\boldsymbol{S})^{\mathrm{T}}\phi(\boldsymbol{x})$ 可将原始数据映射到一个锚定核函数空间。本章提出采用锚定样本度量学习(Anchored Sample Metric Learning,ASML)的核函数版本,即锚定核度量学习(AKML)在非线性特征空间内学习度量,其公式为

$$d_{M}^{2}(\phi(\boldsymbol{x}_i),\phi(\boldsymbol{x}_j))=(\phi(\boldsymbol{x}_i)-\phi(\boldsymbol{x}_j))^{\mathrm{T}}\boldsymbol{\varphi}(\boldsymbol{S})\boldsymbol{W}\boldsymbol{\Lambda}\boldsymbol{W}^{\mathrm{T}}\boldsymbol{\phi}^{\mathrm{T}}(\boldsymbol{S})(\phi(\boldsymbol{x}_i)-\phi(\boldsymbol{x}_j))=$$
$$(\boldsymbol{k}_i-\boldsymbol{k}_j)^{\mathrm{T}}\boldsymbol{W}\boldsymbol{\Lambda}\boldsymbol{W}^{\mathrm{T}}(\boldsymbol{k}_i-\boldsymbol{k}_j)=$$
$$(\breve{\boldsymbol{k}}_i-\breve{\boldsymbol{k}}_j)^{\mathrm{T}}\boldsymbol{\Lambda}(\breve{\boldsymbol{k}}_i-\breve{\boldsymbol{k}}_j) \tag{6-7}$$

式中,$\boldsymbol{k}=\boldsymbol{\varphi}(\boldsymbol{S})^{\mathrm{T}}\boldsymbol{\varphi}(\boldsymbol{x})$,$\breve{\boldsymbol{k}}=\boldsymbol{W}^{\mathrm{T}}\boldsymbol{k}$。

考虑到多个核函数能够提供互补信息,本章进一步将其扩展到多核函数版本。给定 P 个不同的核函数 $\{\boldsymbol{k}^{(p)}\}^{P}_{p=1}$,将所有 $\boldsymbol{k}^{(p)}$ 连接起来得到:

$$\breve{\boldsymbol{k}}^{(1,P)}=[(\boldsymbol{W}^{(1)})^{\mathrm{T}}\boldsymbol{k}^{(1)}\ \ \cdots\ \ (\boldsymbol{W}^{(P)})^{\mathrm{T}}\boldsymbol{k}^{(P)}] \tag{6-8}$$

由于 ASML 采用的锚定核函数是线性的,因此可将 ASML 看作是 AKML 的线性形式。

6.2.3　实验结果与分析

为了验证算法的有效性,采用 CAVIAR 和 3DPeS 行人数据集进行实验和评测。每次实验中,将每个数据库按类别随机均分为三份,分别用于训练、验证和测试。每个实验重复 10 次。将测试集分成候选集和查找集。对于每个行人,随机选择一张图像作为候选集,其余的图像作为查找集。对每个查找集中的行人图像,一一计算其与候选集中行人图像的距离,按照距离大小对候选集进行排序,并记录正确的目标所在的位置。为得到一个稳定的实验结果,实验中上述过程重复 20 次,其平均值作为最终结果。实验中采用累积匹配特性(Cumulative Matching Characteristic,CMC)曲线和 CMC 曲线下的归一化面积(normalized Area Under CMC,nAUC)作为评测指标。与文献[16]相同,采用水平条状划分方法,提取颜色直方图特征和多种纹理直方图特征作为行人视觉表观特征描述子。基于锚定核的度量学习算法分别采用线性、χ^2 和多核函数,可表示为 AKML－L,AKML－χ^2 和 AKML－M。所比较的方法包括正则化 PCCA(表示为 rPCCA－L 和 rPCCA－χ^2)[21],NCM[22],LMNN[23],LMNN－T[24],doublet/triplet SVM[17],ITML[25],KISSME[16],RS－KISSME[20] 和 SCML[26]。

如图 6－1 和图 6－2 所示,分别给出了不同方法在 CAVIAR 和 3DPeS 数据集上的 CMC 曲线。不难看出,在这两个数据集上,所提算法均取得了最好性能。由表 6－1 可知,在 CAVIAR 数据集上,所提方法在第一个排序位置(rank＝1)时的准确率(30.54%)与 LMNN(31.02%)基本相同,但在 rank＝[5　10　20]时,所提方法均取得了最好的结果,匹配率在 rank＝[5　10　20]上较其他算法分别提高了 16.67%,12.51% 和 4.99%。AKML－M 算法的 nAUC 值比其他主流方法至少提高了 8.13%。由表 6－2 可知,在 3DPeS 数据集上,所提方法在所有排序位置上都获得了最高的正确匹配率,在 rank＝[1　5　10　20]上比其他算法的匹配率至少高了 10.84%,12.32%,12.63% 和 11.27%。

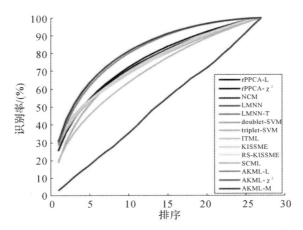

图 6-1　不同方法在 CAVIAR 数据集上的 CMC 曲线

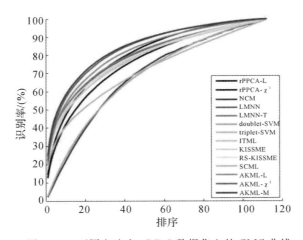

图 6-2　不同方法在 3DPeS 数据集上的 CMC 曲线

表 6-1　不同方法在 CAVIAR 数据集上的正确匹配率与 nAUC 分值

方　法	Top 1	Top 5	Top 10	Top 20	nAUC
rPCCA - L	25.40	53.94	71.05	91.08	75.96
rPCCA - χ^2	25.49	54.52	72.26	92.22	76.88
NCM	3.01	17.47	35.40	71.79	50.78
LMNN	31.02	54.07	69.73	91.31	76.01
LMNN - T	30.96	54.09	69.74	91.33	76.00
Doublet—SVM	18.86	51.42	70.23	90.69	74.72
Triplet - SVM	28.05	52.92	68.83	89.67	74.70
ITML	28.39	53.75	69.92	90.76	75.66
KISSME	30.56	53.35	68.37	90.35	75.11
RS - KISSME	29.55	53.96	69.56	91.11	75.81
SCML	20.01	45.57	63.70	88.70	71.08
AKML - L	28.81	61.64	80.04	96.82	82.29
AKML - χ^2	30.06	63.35	81.22	96.81	83.04
AKML - M	30.54	63.61	81.30	96.64	83.13

表 6-2　不同方法在 3DPeS 数据集上的正确匹配率与 nAUC 分值

方　法	Top 1	Top 5	Top 10	Top 20	nAUC
rPCCA - L	12.75	30.00	41.79	56.70	77.10
rPCCA - χ^2	14.62	34.15	46.78	62.50	80.94
NCM	2.49	11.47	21.80	39.65	69.04
LMNN	22.04	40.84	50.98	63.36	80.07

续　表

方　法	Top 1	Top 5	Top 10	Top 20	nAUC
LMNN – T	22.23	41.41	51.55	64.08	80.69
Doublet – SVM	2.99	13.13	23.94	40.89	68.97
Triplet – SVM	21.50	39.64	50.13	62.60	79.60
ITML	20.68	38.47	48.38	60.81	79.11
KISSME	21.82	40.04	50.20	62.53	79.28
RS – KISSME	20.38	38.57	49.58	62.65	79.68
SCML	17.85	32.41	40.74	51.36	72.05
AKML – L	20.38	41.58	53.12	66.55	82.69
AKML – χ^2	22.18	43.85	56.34	69.81	84.63
AKML – M	24.64	46.51	58.06	71.30	85.29

图 6 – 3 所示为不同方法在这两个数据集上的训练时间。由图 6 – 3 可以看出，由于 KISSME 和 RS – KISSME 有闭式解，训练时间最短，而其他基于 PCA 预处理的方法（如 ITML，LMNN 和 LMNN – T）则相对较慢。对于那些不需要 PCA 预处理的方法，低秩方法比全参数方法（如 doublet – SVM 和 triplet – SVM）要更高效。由于 AKML 算法的矩阵分解和权重学习可以分开实现，因此 AKML 的训练时间与 SCML 相当。

6.2.4　小结

本节提出一种基于锚定核的距离度量学习算法，该算法将度量矩阵看作基矩阵的稀疏线性组合，并假设这些基矩阵可以进一步表示为锚定样本的线性组合。基于该框架，在锚定样本邻域内应用正则化线性判别分析学习锚定样本系数，再采用非负约束的逻辑斯谛回归确定基矩阵权重。此外，可将复杂的核函数融入此算法框架,进一步提高算法性能。在两个行人数据集上的结果表明,所提方法的行人再识别准确率明显优于其他算法。

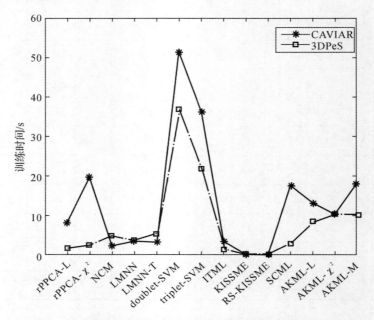

图 6-3   两个数据集上不同方法的训练时间比较

6.3   基于参考样本对约束的核化度量学习

与经典的成对约束或三元对约束不同,本节提出一种新的基于参考样本对约束的核化度量学习(Kernelized Reference - wise Metric Learning,KRML)算法。该算法首先用内积相似性从训练样本中选出一组最具代表性的样本作为参考样本集,再用参考样本集矩阵将训练样本映射入一个新的特征空间。为了将参考样本对约束融入度量学习中,将度量学习问题转化为一个多标签分类问题,该问题可通过一个 l_2 范数的正则化 CCA 求解。此外,通过引入复杂的核函数来进一步提高算法性能。与经典的成对约束或三元组约束不同,参考样本对约束包含了每个训练样本和参考样本间的相似/非相似性信息。基于参考样本对约束,KRML 在内核空间中保存预先定义的相似性,在度量学习过程中纳入更多的监督信息,最终学到一个更具鉴别力的距离度量。

6.3.1　基于参考样本对约束的度量学习

给定一个训练数据集 $\boldsymbol{X}=\begin{bmatrix}\boldsymbol{x}_1 & \boldsymbol{x}_2 & \cdots & \boldsymbol{x}_N\end{bmatrix}\in\mathbf{R}^{d\times N}$，其中 $\boldsymbol{x}_i\in\mathbf{R}^d$ 表示第 i 个样本的特征向量。首先，从该训练集选出一组最具代表性的样本作为参考集。鉴于一个理想的参考集应该保留最具鉴别力的训练样本同时去除冗余样本，因而采用最大变化规律（max-variation rule）准则来构建参考集。具体而言，对每一个训练样本 $\boldsymbol{x}_i$，计算 $\boldsymbol{x}_i$ 与其余样本间的内积 $s(\boldsymbol{x}_i,\boldsymbol{x}_j)=\langle\boldsymbol{x}_i,\boldsymbol{x}_j\rangle$，其内积方差为 $v_i=\mathrm{Var}\{s(\boldsymbol{x}_i,\boldsymbol{x}_j)\}_{j=1,j\neq i}^N$。将所有样本的内积方差 v_i 降序排列，选出前 M 个样本作为参考样本集，表示为矩阵形式，即 $\boldsymbol{R}=\begin{bmatrix}\boldsymbol{r}_1 & \boldsymbol{r}_2 & \cdots & \boldsymbol{r}_M\end{bmatrix}\in\mathbf{R}^{d\times M}$。然后，用参考样本矩阵 $\boldsymbol{R}$ 将训练数据 $\boldsymbol{X}$ 映射入一个新的特征空间，马氏距离的二次方可重写为

$$\begin{aligned}d_{\boldsymbol{M}}^2(\boldsymbol{x}_i,\boldsymbol{x}_j)&=(\boldsymbol{x}_i-\boldsymbol{x}_j)^{\mathrm{T}}\boldsymbol{M}(\boldsymbol{x}_i-\boldsymbol{x}_j)=\\&\quad(\boldsymbol{x}_i-\boldsymbol{x}_j)^{\mathrm{T}}(\boldsymbol{RW})(\boldsymbol{RW})^{\mathrm{T}}\boldsymbol{L}(\boldsymbol{x}_i-\boldsymbol{x}_j)=\\&\quad(\hat{\boldsymbol{x}}_i-\hat{\boldsymbol{x}}_j)^{\mathrm{T}}\boldsymbol{WW}^{\mathrm{T}}(\hat{\boldsymbol{x}}_i-\hat{\boldsymbol{x}}_j)\end{aligned}\tag{6-9}$$

式中，$\hat{\boldsymbol{x}}_i=\boldsymbol{R}^{\mathrm{T}}\boldsymbol{x}_i$ 是映射后的数据集 $\hat{\boldsymbol{X}}=\begin{bmatrix}\hat{\boldsymbol{x}}_1 & \hat{\boldsymbol{x}}_2 & \cdots & \hat{\boldsymbol{x}}_N\end{bmatrix}\in\mathbf{R}^{M\times N}$ 中的第 i 个样本；$\boldsymbol{W}$ 是要学习的权重矩阵。

显然，矩阵 $\hat{\boldsymbol{X}}$ 中的元素 $\hat{x}_{ij}$ 是第 i 个参考样本 $\boldsymbol{r}_i$ 和第 j 个训练样本 $\boldsymbol{x}_j$ 的内积，它描述了向量 $\boldsymbol{r}_i$ 和 $\boldsymbol{x}_j$ 之间的相似性。将向量 $\boldsymbol{r}_i$ 和 $\boldsymbol{x}_j$ 归一化，即 $\|\boldsymbol{r}_i\|_2=\|\boldsymbol{x}_j\|_2=1$，则 $\hat{x}_{ij}$ 表示向量 $\boldsymbol{r}_i$ 和 $\boldsymbol{x}_j$ 余弦角函数。理想情况下，当 $\boldsymbol{r}_i$ 和 $\boldsymbol{x}_j$ 相似时，$\hat{x}_{ij}$ 接近 1；否则，$\hat{x}_{ij}$ 接近 0。同时，预先定义一个理想的指示矩阵 $\boldsymbol{Y}\in\mathbf{R}^{M\times N}$。当样本 $\boldsymbol{r}_i$ 和 $\boldsymbol{x}_j$ 属于同一类时，矩阵 $\boldsymbol{Y}$ 的元素 $y_{ij}=1$；否则，$y_{ij}=0$。假设预先定义的相似性矩阵 $\boldsymbol{Y}$ 是映射数据矩阵 $\hat{\boldsymbol{X}}$ 的终极靠近目标。与其他度量学习方法一样，要学习一个映射矩阵 $\boldsymbol{W}$ 使得射影空间仍能保存预先定义的相似性，将这种约束称为参考样本对约束（Reference-wise constraints）。与传统的成对约束或三元对约束不同，每个训练样本的参考样本对约束是由该训练样本与所有参考样本间的相似性信息组成的。由于参考样本对约束包含了更多的监督信息，因此所提算法利用参考样本对约束信息指导度量学习过程，进而能生成更有鉴别力的度量矩阵。

考虑到映射数据矩阵 $\hat{\boldsymbol{X}}$ 和预定义的相似性矩阵 $\boldsymbol{Y}$ 的分布很不相同，直接采用最小二乘法估计 $\boldsymbol{W}$ 将难以生成一个理想的度量。为解决此问题，将矩阵 $\hat{\boldsymbol{X}}$ 和 $\boldsymbol{Y}$ 映射到更一致的空间内，使得矩阵 $\hat{\boldsymbol{X}}$ 和 $\boldsymbol{Y}$ 的相关性最大化。因此，采用基于 l_2 范

数的最小二乘法典型相关分析（Least Squares Canonical Correlation Analysis，LS-CCA）来估计 W，其目标方程为

$$\mathcal{L}(W,\lambda) = \sum_{j=1}^{M} \left(\sum_{i=1}^{N} (\hat{x}_i^{\mathrm{T}} w_j - \hat{y}_{ij})^2 + \lambda \parallel w_j \parallel_2^2 \right) \qquad (6-10)$$

式中，$\hat{y}_{ij}$ 是矩阵 $\tilde{Y} = (YY^{\mathrm{T}})^{-\frac{1}{2}} Y^{\mathrm{T}}$ 的元素；$W = [w_1 \quad w_2 \quad \cdots \quad , w_M]$；$\lambda$ 是正则化参数。$\hat{X}$ 在优化前先进行归一化。

所学的马氏距离度量参数矩阵 $M = (RW)(RW)^{\mathrm{T}}$。

6.3.2　基于参考样本对照的核化度量学习

由式（6-9）可知，线性映射 $R^{\mathrm{T}} x$ 将原始数据 $x \in \mathbf{R}^d$ 映射到一个新的特征空间。对于一个非线性映射 $\varphi(\bullet)$，对应的核函数 $k(x_i, x_j) = \langle \varphi(x_i), \varphi(x_j) \rangle$ 计算特征空间 H_l 内两个样本的内积。映射 $k = \phi(R)^{\mathrm{T}} \phi(x)$ 将原始数据空间转化为一个由参考样本矩阵 R 诱导的核空间。本章提出上述算法的核化版本，即基于参考样本对约束的核化度量学习（KRML）来在非线性特征空间内学习度量，其公式为

$$d_W^2(\phi(x_i), \phi(x_j)) = (\phi(x_i) - \phi(x_j))^{\mathrm{T}} \phi(R) WW^{\mathrm{T}} \phi(R)^{\mathrm{T}} (\phi(x_i) - \phi(x_j)) =$$
$$(k_i - k_j)^{\mathrm{T}} WW^{\mathrm{T}} (k_i - k_j) \qquad (6-11)$$

式中，$k_i = \phi(R)^{\mathrm{T}} \phi(x_i)$。注意到式（6-11）可以看作是 KRML 的特例，即采用了一个线性核函数 $k(x_i, x_j) = \langle x_i, x_j \rangle$。

6.3.3　实验结果与分析

为了验证算法的有效性，采用 CAVIAR[18] 和 3DPeS[19] 行人数据集进行了实验和评测。每次实验中，将每个数据库按类别随机均分为三份，分别用于训练、验证和测试。每个实验重复 10 次。将测试集分成候选集和查找集。对于每个行人，随机选择一张图像作为候选集，其余的图像作为查找集。对每个查找集中的行人图像，一一计算其与候选集中行人图像的距离，按照距离大小对候选集进行排序，并记录正确的目标所在的位置。为得到一个稳定的实验结果，实验中上述过程重复 20 次，其平均值作为最终结果。实验中采用累积匹配特性（Cumulative Matching Characteristic，CMC）曲线和 CMC 曲线下的归一化面积（Normalized Area Under CMC，nAUC）作为评测指标。与文献[19,20]相同，采用水平条状划分方法，提取颜色直方图特征和多种纹理直方图特征作为行人视觉表观特征描述

子。基于参考样本对照的核化度量学习算法分别采用线性、χ^2 和 Hellinger 核函数,可表示为 KRML-L,KRML-χ^2 和 KRML-H。所比较的方法包括,正则化 PCCA(表示为 rPCCA-L 和 rPCCA-χ^2)[21],LMNN[23],LMNN-T[24],doublet/triplet SVM[16],ITML[25],KISSME[16],RS-KISSME[20],SCML[26] 和 XQDA[27]。

　　如图 6-4 和图 6-5 所示,分别给出了不同方法在 CAVIAR 和 3DPeS 数据集上的 CMC 曲线。不难看出,在这两个数据集上,所提算法(即 KRML-H)均取得了最高的准确匹配率。由表 6-3 可知,在 CAVIAR 数据集上,KRML 的三种变体均取得了最好结果。KRML-χ^2 在第一(rank=1)和第五排序位置上 (rank=5)获得最高识别率,较其他算法分别提高了 15.89% 和 18.05%,KRML-H 在第 10(rank=10)和第 20 排序位置上(rank=20)取得了最好结果,较其他算法分别提高了 12.53% 和 4.25%。KRML-H 算法的 nAUC 值比其他主流方法至少提高了 8.24%。从表 6-4 可知,在 3DPeS 数据集上,所提方法在所有排序位置上都获得了最高的正确匹配率,在 rank=[1,5,10,20] 上比其他算法的匹配率至少高了 24.59%,19.66%,16.99% 和 13.13%。KRML-H 算法的 nAUC 值比其他方法至少提高了 5.34%。从以上实验结果可以看出,KRML 的三种变体的 nAUC 值超过了其他方法,说明 KRML 算法获得了最好的整体性能。KRML-L 算法较其他算法的优势归因于参考样本对照约束在学习过程中纳入更多的比较信息。此外,将非线性核函数引入 KRML 算法框架可进一步提升准确匹配率。

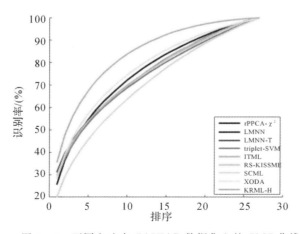

图 6-4　不同方法在 CAVIAR 数据集上的 CMC 曲线

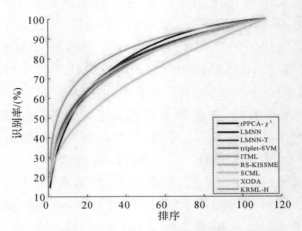

图 6-5　不同方法在 3DPeS 数据集上的 CMC 曲线

表 6-3　不同方法在 CAVIAR 数据集上的正确匹配率与 nAUC 值

方　法	Top 1	Top 5	Top 10	Top 20	nAUC
rPCCA - L	25.40	53.94	71.05	91.08	75.96
rPCCA - χ^2	25.49	54.52	72.26	92.22	76.88
LMNN	31.02	54.07	69.73	91.31	76.01
LMNN - T	30.96	54.09	69.74	91.33	76.00
Doublet - SVM	18.86	51.42	70.23	90.69	74.72
Triplet - SVM	28.05	52.92	68.83	89.67	74.70
ITML	28.39	53.75	69.92	90.76	75.66
KISSME	30.56	53.35	68.37	90.35	75.11
RS - KISSME	29.55	53.96	69.56	91.11	75.81
SCML	20.01	45.57	63.70	88.70	71.08
XQDA	27.95	57.17	74.54	93.32	78.56
KRML - L	32.82	64.08	80.87	95.83	82.88
KRML - χ^2	35.95	67.49	83.74	97.18	85.02
KRML - H	35.37	67.44	83.88	97.29	85.03

表 6 - 4　不同方法在 3DPeS 数据集上的正确匹配率与 nAUC 分值

方　法	Top 1	Top 5	Top 10	Top 20	nAUC
rPCCA - L	12.75	30.00	41.79	56.70	77.10
rPCCA - χ^2	14.62	34.15	46.78	62.50	80.94
LMNN	22.04	40.84	50.98	63.36	80.07
LMNN - T	22.23	41.41	51.55	64.08	80.69
Doublet - SVM	2.99	13.13	23.94	40.89	68.97
Triplet - SVM	21.50	39.64	50.13	62.60	79.60
ITML	20.68	38.47	48.38	60.81	79.11
KISSME	21.82	40.04	50.20	62.53	79.28
RS - KISSME	20.38	38.57	49.58	62.65	79.68
SCML	17.85	32.41	40.74	51.36	72.05
XQDA	22.98	42.43	52.51	64.37	79.96
KRML - L	22.84	42.98	53.75	66.64	81.04
KRML - χ^2	27.94	50.18	61.02	72.69	84.98
KRML - H	28.63	50.77	61.43	72.82	85.26

6.3.4　小结

　　本章提出一种基于参考样本对约束的核化度量学习算法,该算法在参考内核诱导空间中通过参考样本对约束学习度量。KRML 首先用内积相似性选取一组训练样本作为参考样本集,再用参考图像集矩阵将训练样本映射入一个新的特征空间。为了将参考样本对约束融入度量学习中,将度量学习问题转化为一个多标签分类问题。此外,通过引入复杂的核函数来进一步提高算法性能。通过参考样本对约束,KRML 在内核空间中保存预先定义的相似性,因而纳入更多的相似性信息,最终学到一个更具鉴别力的距离度量。在两个行人数据集上的实验结果证明了 KRML 算法较其他主流算法的优越性。

第7章 基于正则化局部回归的色彩恒常融合方法

7.1 引　言

众所周知,颜色作为视觉信息中最为基础也最为直观的特征之一,已被广泛用于各种图像识别任务中。但是,颜色也是一种极不稳定的特征,因为成像过程中光照条件的变化往往导致图像中的物体及其所处场景的颜色与真实颜色之间出现一定程度的偏差。已有足够的证据表明,人类视觉系统具有色彩恒常特性,即在不同的光照条件下,仍能感知到物体本身所固有的颜色。对于一个视觉系统,色彩恒常的目的在于减小、甚至消除光照对图像颜色的影响,得到稳定的、对光照变化鲁棒的颜色信息。因此,非常有必要设计算法对图像进行光照预处理以解决光源变化带来的颜色漂移问题,从而实现更加精确的物体/场景描述来提高图像识别系统的性能。

从光照估计的研究方向出发,现有色彩恒常算法大致分为两类:基于物理特征的方法和基于统计特性的方法。基于物理特征的方法大都依赖简单的假设条件,根据图像底层特征进行光照估计,具有计算量小、实现速度快等优点,因而有着广泛的应用。典型地,这类算法通常认为光源特性或者物体表面反射特性满足一定的假设条件。而在实际情况下,基于特定假设的单个色彩恒常算法只对某些符合假设条件的图像能够获得较准确的光照估计。目前,还没有任何一种单个算法能够在现实生活中存在的大量图像集上都获取最优性能,且不同算法在同一图像上得到的光照估计结果差异又很大。因此,如何为特定的图像选择或者融合现有算法成为色彩恒常计算中的一个重要问题。

近来,Gijsenij 和 Gever 提出了一种基于自然图像统计(Natural Image Statistics,NIS)的色彩恒常融合方法。NIS 方法基于 Gray edge 算法框架,先选择五种最具代表性的算法作为融合算法的候选集合,然后引入威布尔分布的参数来描述图像的纹理分布特征。利用 K 均值聚类将威布尔参数刻画的纹理空间划分为五个子空间,再根据待测试图像的纹理特征所处的子空间为其选择或者合并合适的色彩恒常算法进行光照估计。然而,NIS 方法直接利用 K 均值算法对纹理空间进行划分是不合理的。通过实验发现,对不同纹理特征的图像使用单个算法后并没有形成明显的聚类效果。此外,该技术中采用的全局纹理特征不能全面地描述图像的纹理特性,仅使用全局纹理特征作为图像色彩恒常算法的选择依据影响了光照估计的精度。李兵等人[2] 提出了基于纹理相似性的自然图像的色彩恒常(CCBTS)。采用全局纹理特征和局部纹理特征相结合的方式来描述图像的纹理特性,同时在融合阶段不再直接对纹理空间采用硬划分,而是根据欧氏距离寻找与给定图像纹理最相似的几幅图像作为参考,再为其选择最合适的色彩恒常算法和融合算法。CCBTS 方法的光照估计结果尽管优于单个算法,但与流行的融合方法相比仍存在较大的中值角度误差。

本章针对现有算法存在的上述不足,提出一种基于纹理金字塔与正则化局部回归(TPM - RLR)的色彩恒常方法。该算法首先利用基于威布尔分布的纹理金字塔来提取图像的纹理特征,然后依据一种改进的图像相似性准则为待测试图像在训练库中找到与其纹理最相似的参考图像集。在融合阶段,根据参考图像的信息,采用数据驱动和先验知识相结合的方法来合并现有的单个色彩恒常方法,从而有效地提高了光照估计的准确性。

7.2 单个色彩恒常算法

图像的光照估计本身是一个不适定问题,因而现有的色彩恒常算法一般都是基于不同的假设条件提出的。本节介绍几种常用的单个色彩恒常算法。

1. White - patch 算法

一种最简单的色彩恒常算法是 White - patch 算法,该算法假设 RGB 三个颜色通道的最大响应是由场景中存在的白色表面引起的。因为白色表面能够完全反映出场景光照的颜色,RGB 三个颜色通道的最大值被视为图像的光照颜色 e,即

$$\max_{x} \boldsymbol{\rho}(\boldsymbol{x}) = k\boldsymbol{e} \tag{7-1}$$

式中，$\boldsymbol{x}$ 为空间位置的坐标；k 为常数；$\max_{x} \boldsymbol{\rho}(\boldsymbol{x}) = (\max_{x} R(\boldsymbol{x}), \max_{x} G(\boldsymbol{x}), \max_{x} B(\boldsymbol{x}))$，需要注意的是，max 操作分别对三个颜色通道独立进行，即不要求在同一像素点上取颜色通道的最大响应。由于该算法是求取图像中每个颜色通道的最大响应，因此又被称为 max - RGB 算法。

White - patch 算法要求场景中至少存在一个白色（标准白光下）像素点，该算法才会有较高的光照估计精度。然而在实际环境中，这种假设条件很难得到满足，因此该算法的适应能力较差。

2. Gray - world 算法

另一种比较简单的色彩恒常算法是 Gray - world 算法，该算法假设场景中所有物体表面的平均反射是灰色的或无色差的（Achromatic）。换一种说法，场景中对 RGB 三个颜色通道的平均反射率是相等的，即

$$\frac{\int s(\boldsymbol{x},\lambda)\mathrm{d}\boldsymbol{x}}{\int \mathrm{d}\boldsymbol{x}} = k \tag{7-2}$$

式中，常数 k 介于 0 和 1 之间，0 代表没有反射，1 代表全反射。光照颜色 $\boldsymbol{e}$ 为整幅图像在三个颜色通道上的平均值，即

$$\frac{\int \boldsymbol{\rho}(\boldsymbol{x})\mathrm{d}\boldsymbol{x}}{\int \mathrm{d}\boldsymbol{x}} = \frac{\iint_{\omega} e(\lambda)s(\boldsymbol{x},\lambda)c(\lambda)\mathrm{d}\lambda\mathrm{d}\boldsymbol{x}}{\int \mathrm{d}\boldsymbol{x}} =$$

$$\int_{\omega} e(\lambda)\left(\frac{\int s(\boldsymbol{x},\lambda)\mathrm{d}\boldsymbol{x}}{\int \mathrm{d}\boldsymbol{x}}\right)c(\lambda)\mathrm{d}\lambda =$$

$$k\int_{\omega} e(\lambda)c(\lambda)\mathrm{d}\lambda = k\boldsymbol{e} \tag{7-3}$$

由于 Gray - world 假设条件比 White - patch 算法相对宽松，因此该算法比 White - patch 算法适应力更好，并得到了广泛的应用。

3. Shades-of-gray 算法

Finlayson 和 Trezzi 提出了一种基于闵可夫斯基(Minkowski)范式的 Shades-of-gray 算法,而 White-patch 算法和 Gray-world 算法都是该算法的特例。Shades-of-gray 算法将 Minkowski 范式引入 White-patch 算法来计算光照值,可表示为

$$\left[\frac{\int (\boldsymbol{\rho}(\boldsymbol{x}))^p \mathrm{d}\boldsymbol{x}}{\int \mathrm{d}\boldsymbol{x}}\right]^{1/p} = k\boldsymbol{e} \qquad (7-4)$$

式中,p 为 Minkowski 范式参数。显然,当 $p=1$ 时,式(7-4)等价于 Gray-world 算法;当 $p \to \infty$ 时,式(7-4)等价于 White-patch 算法;当 $1 < p < \infty$ 时,就是一般性的 Shades-of-gray 算法。Finlayson 和 Trezzi 通过实验发现,当 $p=6$ 时,该算法取得最好的光照估计结果。

4. Gray-edge 算法

Weijer 等人通过对对立色彩空间(Opponent Color Space)上图像颜色导数分布观察,提出一种新的 Gray-edge 算法,该算法假设场景中物理表面的平均反射率的导数是无色差的,可表示为

$$\frac{\int \left| s_x(\boldsymbol{x}, \lambda) \right| \mathrm{d}\boldsymbol{x}}{\int \mathrm{d}\boldsymbol{x}} = k \qquad (7-5)$$

式中,下标 x 表示空间导数。根据 Gray-edge 假设,光源的颜色可以通过图像颜色导数的均值来计算,即

$$\frac{\int \left| \boldsymbol{\rho}_x(\boldsymbol{x}) \right| \mathrm{d}\boldsymbol{x}}{\int \mathrm{d}\boldsymbol{x}} = \frac{1}{\int \mathrm{d}\boldsymbol{x}} \iint_\omega e(\lambda) \left| s_x(\boldsymbol{x}, \lambda) \right| \boldsymbol{c}(\lambda) \mathrm{d}\lambda \mathrm{d}\boldsymbol{x} =$$

$$\int_\omega e(\lambda) \left| \frac{\int \left| s_x(\boldsymbol{x}, \lambda) \right| \mathrm{d}\boldsymbol{x}}{\int \mathrm{d}\boldsymbol{x}} \right| \boldsymbol{c}(\lambda) \mathrm{d}\lambda =$$

$$k \int e(\lambda) c(\lambda) \mathrm{d}\lambda = ke \qquad (7-6)$$

式中，$|\boldsymbol{\rho}_x(\boldsymbol{x})| = [\,|\,R_x(\boldsymbol{x})\,| \quad |\,G_x(\boldsymbol{x})\,| \quad |\,B_x(\boldsymbol{x})\,|\,]^{\mathrm{T}}$。Weijer 等人通过实验证实，Gray - edge 算法通常是优于 White - patch 算法和 Gray - world 算法的。

　　基于 Gray - edge 假设，Weijer 等人又于 2007 年提出了一个通用色彩恒常算法框架，该算法框架不仅将上述 White - patch，Gray - world，Shades - of - gray 和 Gray - edge 等算法统一起来，而且将色彩恒常算法推广到图像的高阶导数结构上进行。笔者将 Minkowski 范式引入 Gray - edge 假设，同时还结合高斯平滑操作以降低噪声的影响，即

$$\left(\int |\,\nabla^{\,n} \boldsymbol{\rho}_\sigma(\boldsymbol{x})\,|^{\,p} \mathrm{d}\boldsymbol{x} \right)^{1/p} = ke^{n,p,\sigma} \qquad (7-7)$$

式中，$\boldsymbol{\rho}_\sigma(\boldsymbol{x}) = \boldsymbol{\rho}(\boldsymbol{x}) \otimes G_\sigma(\boldsymbol{x})$ 是图像 $\boldsymbol{\rho}(\boldsymbol{x})$ 与尺度参数为 σ 的高斯滤波器的卷积；e 为光照的颜色；$\nabla^{\,n}$ 为 n 阶导；p 是 Minkowski 范式参数；k 是归一化参数。改变 Minkowski 范式的 n, p, σ 这三个参数，就可以产生不同的色彩恒常算法。

7.3　基于纹理金字塔与正则化局部回归(TPM - RLR)的色彩恒常方法

　　针对上述算法的缺点和局限性，本章提出了一种基于纹理金字塔匹配与正则化局部回归(Texture Pyramid Matching and Regularized Local Regression, TPM_RLR)的色彩恒常融合算法。首先，TPM_RLR 算法结合多尺度表达构建纹理金字塔，并利用威布尔分布参数来提取自然图像的全局、局部及细节纹理统计特征。然后，利用一种新定义的图像相似性测度从训练库中寻找与待校正图像最具纹理相似性的参考图像集。在融合阶段，综合基于先验知识的方法与基于数据驱动的方法的优点，在 lαβ 对立色彩空间内采用正则化局部回归算法计算单个色彩恒常算法的权值后得到光照估计结果。最后，根据 Von Kries 对角模型将待校正图像转换到标准白光下，得到校正后的图像。如图 7 - 1 所示为本章所提的 TPM_RLR 色彩恒常融合算法的流程图。

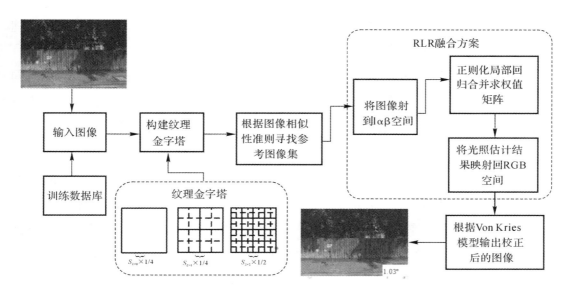

图 7-1　基于纹理金字塔与正则化局部回归的色彩恒常框图

7.3.1　基于威布尔分布的纹理金字塔

图像的边缘响应分布常用来刻画其纹理结构,而基于高斯导数滤波器(Gaussian Derivative Filter)的直方图分布恰好适合描述边缘分布统计特性。对于一幅自然图像,它的边缘分布通常介于幂律分布(Power-law Distribution)和高斯分布(Gaussian Distribution)之间,因此经常采用威布尔分布来描述图像的边缘响应。威布尔分布的概率密度函数定义为

$$f(x) = \frac{\gamma}{2\gamma^{\frac{1}{\gamma}}\theta\Gamma\left(\frac{1}{\gamma}\right)}\exp\left\{-\frac{1}{\gamma}\left|\frac{x-\mu}{\theta}\right|^{\gamma}\right\} \qquad (7-8)$$

式中,x 为图像与高斯导数滤波器卷积后的边缘响应;$\Gamma(\cdot)$ 表示伽玛函数,$\Gamma(x) = \int_0^\infty t^{x-1}\exp(-t)\mathrm{d}t$;$\mu$ 为威布尔分布的位置参数;γ 为形状参数,描述图像的颗粒度,γ 越大表示图像纹理的颗粒度越小;θ 为尺度参数,描述图像的局部对比度,θ 越大

说明纹理的对比度越高。由于位置参数 μ 容易受到光照分布不均的影响,因此在实际计算中常被忽略。通常,用形状参数 γ 和尺度参数 θ 来反映图像的纹理结构。

Gijsenij 和 Gevers 通过实验发现,不同的单个色彩恒常算法适用于具有不同纹理特征的图像。于是,他们提出先采用威布尔分布参数来提取图像的纹理特征,然后用 K - means 聚类算法将威布尔分布参数刻画的特征空间划分为五个子空间,再根据待校正图像的纹理特征所处的子空间为其选择或者合并合适的单个色彩恒常算法,从而得到最终的光照估计结果。如图 7 - 2 所示为 SFU 数据库和 MS 数据库中每幅图像 x 轴方向的威布尔参数分布。图中不同的记号标明了在五种候选算法中每幅图像上表现最好的单个算法。然而,由图 7 - 2 可以看出,不同纹理结构的图像对应的最优单个算法并没有形成明显的聚类效果。显然,这种提取全局威布尔分布参数的方法不足以有效描述图像的纹理特征,从而形成对特征空间的合理划分。

考虑到图像中不同区域纹理结构的差异性,Li 等人采用全局和局部纹理特征相结合的方式来描述图像的纹理特性,即同时提取图像的上下部分、左右部分及全局的威布尔分布参数构建图像的纹理特征向量。在此基础上,进一步结合多尺度表达,提出一种更具辨识度的纹理金字塔特征,以全面刻画图像的全局、局部及其细节纹理统计特性。首先,不改变图像的大小,采用由粗到细的金字塔式的图像块分割图像空间,如图 7 - 3 所示;然后,采用威布尔分布参数提取纹理金字塔上每一个图像块的纹理特征。

若对图像分别采用 x 轴和 y 轴方向的导数结构来计算边缘响应,则很容易受到图像旋转的影响。因此,在计算威布尔分布的参数时采用具有旋转不变性的梯度幅值。假设所构建的纹理金字塔共有 L 层,那么第 l 级分辨率下的图像被划分为 $(2^l - 1)^2$ 个重叠的图像块。给定图像 X,基于威布尔分布参数的纹理金字塔特征向量可表示为 $\boldsymbol{F}_X = \begin{bmatrix} \gamma_{X_1^1} & \theta_{X_1^1} & \gamma_{X_1^2} & \theta_{X_1^2} & \cdots & \gamma_{X_i^l} & \theta_{X_i^l} & \cdots & \gamma_{X_{(2^L-1)^2}^L} & \theta_{X_{(2^L-1)^2}^L} \end{bmatrix}^{\mathrm{T}}$。

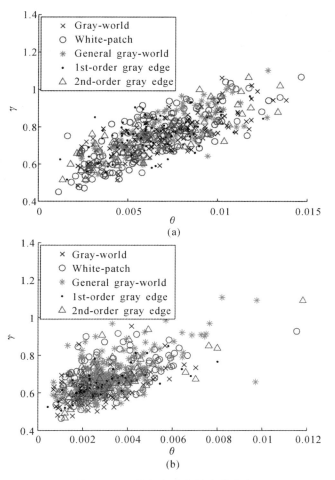

图 7 - 2　x 轴方向威布尔参数分布

（a）SFU 数据库；（b）MS 数据库

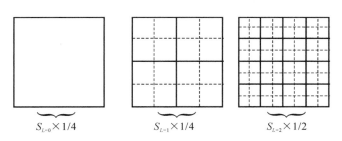

图 7 - 3　三级纹理金字塔结构示意图

7.3.2　图像相似性准则

在确定图像 X 的参考图像集合时,考虑到若以欧氏距离来计算特征向量间的距离,无法单独估计金字塔上同一层和不同层上 γ,θ 参数的权重。因此,本章采用了一种与 Wiccest 特征相似准则近似的方法。给定图像 X,Y,这两幅图像第 l 层的相似性为

$$S_l(X,Y) = \frac{1}{(2^{l+1}-1)^2} \sum_{i=1}^{(2^{l+1}-1)^2} \sqrt{\frac{\min(\gamma_{X_i^l},\gamma_{Y_i^l})}{\max(\gamma_{X_i^l},\gamma_{Y_i^l})}\frac{\min(\theta_{X_i^l},\theta_{Y_i^l})}{\max(\theta_{X_i^l},\theta_{Y_i^l})}} \quad (7-9)$$

式中,X_i^l 和 Y_i^l 分别表示图像 X,Y 的第 l 层分辨率上的第 i 块图像;$(\gamma_{X_i^l},\theta_{X_i^l})$ 和 $(\gamma_{Y_i^l},\theta_{Y_i^l})$ 对应着 X_i^l 和 Y_i^l 的威布尔分布的参数。当两幅图像完全一样时,$S_l(X,Y)$ 取最大值 1。

在特征空间中计算两幅图像的相似度时,考虑到在纹理金字塔上分辨率越高的图像层上进行匹配,结果越精确,因此采用加权组合的方式匹配不同分辨率下的图像层。具体地说,在较高的分辨率匹配时为其分配相应较大的权值;在较低的分辨率匹配时,就分配较小的权值。于是,图像 X 和 Y 之间的相似性测度 $S_{\text{image}}(X,Y)$ 定义为

$$S_{\text{image}}(X,Y) = \sum_{l\in[1,L]} w_{\text{patch}}^l S_l(X,Y) = \frac{1}{2^{L-1}}S_1(X,Y) + \sum_{l\in[2,L]} \frac{1}{2^{L-l+1}} \cdot S_l(X,Y)$$

$$(7-10)$$

其中,w_{patch}^l 是第 l 级图像层的权值。实验中,构造了三级纹理金字塔,即 $L=3$。并给第 1 级、第 2 级和第 3 级分辨率下的图像层赋予的权值分别为 $1/4,1/4$ 和 $1/2$,如图 7-3 所示。

7.3.3　采用正则化局部回归的融合方案

由 7.2 节中介绍的通用色彩恒常算法框架可知,改变 n,p,σ 这三个参数就可以系统地产生各种不同的单个色彩恒常算法。因此,可根据不同的参数设置为融合算法选择一个合适的候选算法集。为便于与相关的色彩恒常融合算法进行比较,采用与文献[24]一致的五种单个色彩恒常算法作为候选算法集合。这五种算法如下:

（1）$e^{0,1,0}$，等价于 Gray - world 算法。

（2）$e^{0,\infty,0}$ 等价于 White - patch 算法。

（3）$e^{0,p,\sigma}$ 为 General Gray - world 算法。根据 NIS 的实验结果，当 $p=13,\sigma=2$ 时能够取得最好的效果，即 $e^{0,13,2}$；

（4）$e^{1,p,\sigma}$，一阶 Gray - edge 算法，采用的是图像的一阶导数来进行光照估计的，参数设定为 $p=1,\sigma=6$，即 $e^{1,1,6}$；

（5）$e^{2,p,\sigma}$ 是二阶 Gray - edge 算法，基于图像二阶导数的色彩恒常算法，参数设定为 $p=1,\sigma=5$，即 $e^{2,1,5}$。

以上五种单个算法包括基于零阶、一阶和二阶导数结构的色彩恒常算法。这些算法组成了融合算法的候选算法集合 $\{e^{0,1,0},e^{0,\infty,0},e^{0,p,\sigma},e^{1,p,\sigma},e^{2,p,\sigma}\}$。

对于给定的待校正图像，采用 7.3.2 节中定义的图像相似性测度，从训练库中选出 K 幅与其纹理特征最相似的参考图像。本节讨论如何将五种单个候选算法在这 K 幅参考图像上的光照估计结果进行合并以获得最优的光照估计结果。一般来说，有两种常见的融合方案，即基于先验知识的方法和基于数据驱动的方法。这两种方法的本质区别在于以何种机制确定五种候选算法得到的光照估计结果的权重。

对于基于先验知识的融合方法，权值通常是依赖于先验的固定值。其计算公式为

$$\begin{bmatrix} \hat{R}_t \\ \hat{G}_t \\ \hat{B}_t \end{bmatrix} = \sum_{i=1}^{5} \hat{w}_i \begin{bmatrix} \hat{R}_{ti} \\ \hat{G}_{ti} \\ \hat{B}_{ti} \end{bmatrix} \qquad (7-11)$$

式中，$\hat{w}_i$ 是对第 i 种单个算法分配的权值，通常是由先验决定的，且 $\sum_{i=1}^{5} \hat{w}_i = 1$。

在数据驱动方法中，权值通常由光照已知的训练数据库来确定。在训练数据库上计算出权重矩阵 $\hat{w}$ 后，数据驱动方法通过 $\hat{w}$ 对图像 X 做光照估计，则有

$$[\hat{R}_t \quad \hat{G}_t \quad \hat{B}_t] = [\hat{R}_{t1} \quad \hat{G}_{t1} \quad \hat{B}_{t1} \quad \cdots \quad \hat{R}_{t5} \quad \hat{G}_{t5} \quad \hat{B}_{t5}]\hat{w} \qquad (7-12)$$

式中，$[\hat{R}_t \quad \hat{G}_t \quad \hat{B}_t]^{\mathrm{T}}$ 是对图像 X 的光照估计值；$[\hat{R}_{ti} \quad \hat{G}_{ti} \quad \hat{B}_{ti}]^{\mathrm{T}}$ 是第 i 种单个算

法在图像 X 的光照估计结果。

对比式(7-11)与式(7-12),不难发现这两种融合方案的主要区别是,基于先验知识的方法中光照值 RGB 的计算是相互独立的,而基于数据驱动的融合方法中,光照值 RGB 三个颜色通道不再是独立地进行运算,而是相互间存在相关性。LMS 方法计算得到的权重矩阵也说明 RGB 三通道间存在通道交叉效应(Cross-talk)。例如,如果图像中某个像素点 B 通道的值较大,那么很可能该像素点的 R 通道和 G 通道也会有较大的值。本节将讨论上述两种融合方案是否互补,将这两种方案相结合是否能为候选算法集确定更优的加权权值。为了验证此推测,提出一种采用正则化局部回归的融合算法。该算法综合基于先验知识方法与数据驱动方法的优点,采用一个用邻域数据信息作驱动和先验知识作罚惩的局部回归估计单个候选算法的权重。

鉴于基于先验知识的方法未考虑 RGB 通道间的相关性,为了将两种融合方法结合起来,首先应该去除通道间的相关性。一种最直接的方案是通过去相关变换(如主成分分析(Principal Component Analysis,PCA))来去除数据相关性。但是,在实际应用中这种处理方案并不可取,因为如果在训练库中每增加或者删除一幅图像都需要重新计算变换矩阵。为解决这个问题,选择一种次优的方案,即在去相关色彩空间(如对立色彩空间)完成去相关操作。本节直接采用近来由 Ruderman 等人提出的 $l\alpha\beta$ 正交色彩空间。这种解决方案更多被认为是一种去相关操作,因而也就无需关注该空间表示的物理意义。将图像由 RGB 色彩空间映射到 $l\alpha\beta$ 色彩空间后,于是可在不同颜色通道间进行独立运算,一定程度上解决了通道交叉带来的问题,并且使得将基于先验知识的方法引入数据驱动方法中成为一种可能。

为避免通道交叉问题,将输入图像映射到 $l\alpha\beta$ 正交色彩空间可以最小化自然图像通道间的相关性。因为在 $l\alpha\beta$ 色彩空间中,三个通道相互垂直,几乎没有相关性。RGB-$l\alpha\beta$ 空间变换如下:

a)将 RGB 空间转换到 LMS 空间:

$$\begin{bmatrix} L \\ M \\ S \end{bmatrix} = \begin{bmatrix} 0.381\ 1 & 0.578\ 3 & 0.040\ 2 \\ 0.196\ 7 & 0.724\ 4 & 0.078\ 2 \\ 0.024\ 1 & 0.128\ 8 & 0.844\ 4 \end{bmatrix} \begin{bmatrix} R \\ G \\ B \end{bmatrix}$$

$$\begin{bmatrix} \boldsymbol{L} \\ \boldsymbol{M} \\ \boldsymbol{S} \end{bmatrix} = \begin{bmatrix} \lg L \\ \lg M \\ \lg S \end{bmatrix}$$

b)将 LMS 空间转换到 lαβ 空间:

$$\begin{bmatrix} l \\ \alpha \\ \beta \end{bmatrix} = \begin{bmatrix} 1/\sqrt{3} & 0 & 0 \\ 0 & 1/\sqrt{6} & 0 \\ 0 & 0 & 1/2 \end{bmatrix} \begin{bmatrix} 1 & 1 & 1 \\ 1 & 1 & -2 \\ 1 & -1 & 0 \end{bmatrix} \begin{bmatrix} \boldsymbol{L} \\ \boldsymbol{M} \\ \boldsymbol{S} \end{bmatrix}$$

本章采用数据驱动方法与基于先验知识方法相结合的融合方案,以获得最优的加权融合的权值。为了在 lαβ 空间获得权重矩阵 $\hat{\boldsymbol{w}}$,本方法采用正则化的局部回归:

$$\hat{\boldsymbol{w}}_{\cdot j} = \arg \min_{\boldsymbol{w}_{\cdot j}} \{ \| \boldsymbol{V}^{\mathrm{T}} \boldsymbol{w}_{\cdot j} - \boldsymbol{t}_{\cdot j} \|^2 + \lambda \| \boldsymbol{w}_{\cdot j} - \breve{\boldsymbol{w}}_{\cdot j} \|^2 \} \quad (7-13)$$

式(7-13)的闭式解为

$$\hat{\boldsymbol{w}} = (\boldsymbol{V}^{\mathrm{T}} \boldsymbol{V} + \lambda \boldsymbol{I})^{-1} (\boldsymbol{V}^{\mathrm{T}} \boldsymbol{t} + \lambda \breve{\boldsymbol{w}}) \quad (7-14)$$

式中,$\boldsymbol{V} = \begin{bmatrix} \hat{l}_{i_1 1} & \hat{\alpha}_{i_1 1} & \hat{\beta}_{i_1 1} & \cdots & \hat{l}_{i_1 5} & \hat{\alpha}_{i_1 5} & \hat{\beta}_{i_1 5} \\ \vdots & \vdots & \vdots & & \vdots & \vdots & \vdots \\ \hat{l}_{i_K 1} & \hat{\alpha}_{i_K 1} & \hat{\beta}_{i_K 1} & \cdots & \hat{l}_{i_K 5} & \hat{\alpha}_{i_K 5} & \hat{\beta}_{i_K 5} \end{bmatrix}$ 是用五种候选算法对图像 X 的 K

个参考图像的光照估计结果矩阵;$\boldsymbol{t} = \begin{bmatrix} l_{i_1} & \alpha_{i_1} & \beta_{i_1} \\ \vdots & \vdots & \vdots \\ l_{i_K} & \alpha_{i_K} & \beta_{i_K} \end{bmatrix}$ 是这 K 个图像的已知光照矩

阵;j 表示矩阵的第 j 列;λ 是正则化参数;$\breve{\boldsymbol{w}}$ 是先验权重矩阵,用 K 个图像中最好单个算法出现的比率来计算,则有

$$(\tilde{\boldsymbol{w}})_{m,n} = \begin{cases} \dfrac{K_i}{K} & m = 3i + n - 3, n \in (1,3) \\ 0 & \text{其他} \end{cases} \qquad (7-15)$$

式中，K_i 为 K 个图像中第 i 个单个算法表现最好的次数。

最后，通过 RGB - lαβ 空间逆变换，将上一步获得的光照估计映射到 RGB 空间，得到图像 X 的光照估计结果。

7.4　实验结果与分析

7.4.1　评价标准

首先需要说明一下如何评价色彩恒常算法的性能。给定一幅图像，假设算法估计得到的光照值 $e_e = [R_e \quad G_e \quad B_e]^{\mathrm{T}}$，真实光照值 $e_i = [R_i \quad G_i \quad B_i]^{\mathrm{T}}$。估计光照值 e_e 与真实光照值 e_i 越接近，说明算法的性能越好。在进行误差度量时，主要关注 e_e 与 e_i 之间的向量方向差异。因此，通常用两个颜色向量间的夹角来判断估计光照与真实光照之间的差异。角度误差 ε 定义为

$$\varepsilon = \arccos(\hat{e}_e \cdot \hat{e}_i) \qquad (7-16)$$

式中，arccos 表示反余弦函数；$\hat{e}_e$ 和 $\hat{e}_i$ 分别表示归一化后的估计光照值和真实光照值；· 操作表示两个向量作内积运算。显然，角度误差越小，算法的准确度越高。由于角度误差通常是非高斯分布的，所以实验中采用两个重要指标，即角度误差的中值（Median）和平均值（Mean）作为算法评定标准。由于 MS 数据库中图像的光照是用二维色度 rg 表示的，在用式（7-16）计算角度误差时，需要先把光照值从色度空间转换到 RGB 空间。

7.4.2　实验数据集与参数设置

本节使用两个常见的自然图像库来验证所提算法的有效性。这两个库分别是：

（1）SFU 数据库：由西蒙弗雷泽大学计算机视觉实验室提供，共包含 11 346 幅自然图像。该数据库中的图像是从近 2 个小时的包含各种场景（如室内场景、

室外场景、沙漠、街景等)的视频片段中提取的。如图 7-4 所示为该数据库中的一些示例图像。这些图像的真实光照颜色是由位于每幅图像右下角的灰色小球测得的。由于从同一视频片段采集的图像存在高度相关性,造成采用该数据库的全部图像进行实验得到的结论可靠性降低。笔者认为文献在该数据库上得到的光照估计结果过于乐观。为了提高该数据库的可靠性,常见的一种解决方案是通过自动关键帧提取或者人工的方法从 11 346 幅图像中选出一个不相关的子集。建议从全部图像集中抽取大约 600 张图像。实验中,手动挑选了共 541 幅最具代表性的图像作为测试图像集。

图 7-4　SFU 数据库图像示例

(2)MS 数据库:由微软剑桥研究院提供,共包括 568 幅图像。这些图像是由两个高质量的数码单反相机(佳能 5D 和佳能 1D)在不同场景环境和不同的光照条件下采集的。每个场景中都放置 Macbeth 色卡用于计算真实光照颜色。图 7-5 给出了该数据库中的一些示例图像。由于 SFU 数据库中的图像存在高相关性、低分辨率、人为伽马校正等缺点,Gehler 等人认为相比之下他们创建的 MS 图像集更能客观评价各种算法的性能。

为了验证算法的有效性,将其与现有的相关算法进行比较实验。所比较的算法除了五个单个色彩恒常算法以外,还包括相关的色彩恒常融合算法,如 Gijsenij 等人提出的基于自然图像统计特性的色彩恒常算法(记为 NIS-S 和 NIS-C)、Li 等人提出的 CCBTS 算法以及 LMS 算法。在两个数据库上的实验均选取图像集的 1/3 用于训练和交叉验证,剩余的图像作为测试集,并通过五折交叉验证的方法确定 TPM_RLR 算法及 CCBTS 算法中的参数。交叉验证的结果为,在 SFU 数据库上,参考图像集大小 $K_{CCBTS}=17$, $K_{TPM\_RLR}=10$,正则化参数 $\lambda=0.1$;在 MS 数据库上,$K_{CCBTS}=4$, $K_{TPM\_RLR}=1$ 和 $\lambda=0.1$。另外,考虑到可通过调节式(2-9)中的参数 n,p,σ 优化单个算法,以角度误差中值作为评价标准,得到优化后的单个算法结果。其中,三个参数的选取范围分别为 $n\in\{0,1,2\}$, $p\in\{1,3,5,7,9,11,13,15\}$, $\sigma\in\{0,1,2\}$。实验结果用"optimized"来表示优化后的单个算法。为避免混淆,组成融合算法候选集的五种单个算法也被称为固定单个算法。

图 7-5   MS 数据库图像示例

7.4.3   SFU 数据库上的实验结果

表 7-1 给出了不同色彩恒常算法的实验结果。不难看出,所有融合算法的光照估计结果都优于单个算法。在角度误差的均值和中值这两个评价指标上,本章提出的 TPM_RLR 算法不仅超过了五种单个色彩恒常算法,而且明显优于其他融合算法。TPM_RLR 的角度误差中值仅有 3.30,比表现最好的固定单个色彩恒常算法($e^{1,1,6}$)降低了 32%,比优化后表现最好的单个算法($e^{1,1,1}$)降低了 29%。另外,基于数据驱动的方法,如 LMS 算法和 TPM_RLR 算法的角度误差明显低于基于先验知识的算法(如 CCBTS 算法)。该结论证实了在确定候选算法集的最优加权权重时,基于数据驱动的融合方案比基于先验知识的方案具有明显的优势。需要注意的是,LMS 算法首先在训练集上计算出加权融合的权值,然后再利用这些权值来合并单个算法估计出光照值。

图 7 - 1　SFU 数据库上各种色彩恒常方法光照估计结果比较

方　法	Mean	Median
Gray - world	6.49	5.68
White - patch	7.72	6.30
General Gray - world	6.19	5.07
1st - order Gray - edge	5.49	4.87
2nd - order Gray - edge	5.70	5.08
Optimized 0th - order Algorithm	6.51	4.77
Optimized 1st - order Algorithm	6.15	4.64
Optimized 2nd - order Algorithm	6.27	4.69
NIS - S	5.14	4.39
NIS - C	5.15	4.33
CCBTS	5.25	4.28
LMS	4.68	3.85
TPM_RLR	4.56	3.30

7.4.4　MS 数据库上的实验结果

表 7 - 2 列出了各种色彩恒常算法在 MS 数据库上的实验结果。由表 7 - 2 可知,基于 NIS 的算法仅在角度误差均值指标上优于固定单个算法,但在角度误差中值指标上甚至还不如表现最好的单个固定算法。以均方根误差(Root Mean Squared Error,RMSE)作为算法评价准则,在该数据库上的实验表明,NIS 算法与最优的固定单个算法相比几乎没有取得优势。笔者将其归因于基于威布尔分布参数的特征提取方法不足以有效刻画自然图像的纹理特性。然而,笔者认为这种结果是由 NIS 算法仅使用威布尔分布参数提取了全局纹理特征以及不合理的融合方案造成的。LMS 算法和 TPM_RLR 算法的角度误差均值和中值都明显低于其他算法,这进一步证实了数据驱动方法较基于先验知识的方法能够获得更加准确的光照估计值。此外,CCBTS 算法的结果比 NIS 算法略差。由图 7 - 2 可以看

出,MS 数据上的威布尔参数分布比 SFU 数据库上更加集中,这就说明 CCBTS 提出的一致性邻域假设条件在真实环境中并不总是能够满足的。在这种情况下,数据驱动方法总是能够得到更加可靠的结果。总之,笔者提出的 TPM_RLR 算法仍然是表现最好的,其性能比表现最优的固定单个算法($e^{0,13,2}$)提升了 31%,比优化后表现最好的单个算法($e^{2,5,1}$)提升了 29%。

表 7 - 2　MS 数据库上各种色彩恒常方法光照估计结果比较

方　　法	Mean	Median
Gray - world	9.59	8.63
White - patch	9.22	6.93
General Gray - world	8.17	6.56
1st - order Gray - edge	8.40	7.46
2nd - order Gray - edge	8.43	7.57
Optimized 0th - order Algorithm	8.27	6.49
Optimized 1st - order Algorithm	8.57	6.40
Optimized 2nd - order Algorithm	8.38	6.38
NIS - S	7.90	6.92
NIS - C	7.88	6.94
CCBTS	8.09	6.96
LMS	6.11	4.88
TPM_RLR	5.96	4.55

此外,为了直观比较各种算法的光照估计效果,利用 1.2.2 节介绍的 Von Kries 对角模型,根据算法获得的光照估计值对原始图像进行校正。实验中,从 MS 数据库中抽取了三幅不同场景的图像,分别用 LMS 算法和 TPM_RLR 算法得到的光照估计值对这几幅图像进行校正。其中,白光$[1/\sqrt{3} \quad 1/\sqrt{3} \quad 1/\sqrt{3}]^{\mathrm{T}}$被用作标准光照。图 7 - 6 给出了 MS 数据库上图像光照校正结果比较。由图 7 - 6 可以看出,本章提出的 TPM_RLR 色彩恒常融合算法在主观上是优于 LMS 算法的,且在这几幅图像上表现出了不错的校正效果。

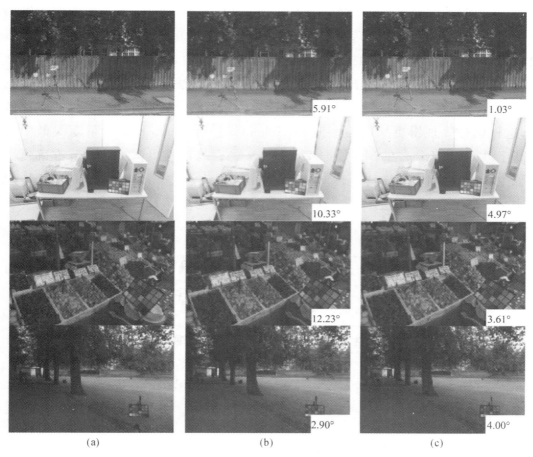

图 7 - 6　图像光照校正的实例比较

(a)原始图像；　(b)LMS 方法校正结果；　(c)TPM - RLR 方法校正结果

7.4.5　TPM_RLR 算法的进一步分析

为了进一步分析 TPM_RLR 算法的各个组成部分是如何提高光照估计结果的,将算法粗略分成两部分:纹理金字塔特征匹配(TPM)和正则化局部回归(RLR)融合方法。选择与 TPM_RLR 算法最相关的 CCBTS 算法作详细对比,具体的实施方案为,分别用 TPM 特征与 RLR 融合算法替换 CCBTS 中的特征与融合方法,于是产生了两种新的组合方案,即 CCBTS 特征＋RLR 融合方法和 TPM

特征＋CCBTS 融合方法（分别记为 Scheme Ⅰ 和 Scheme Ⅱ）。基于前两个实验的交叉验证结果，固定正则化参数 $\lambda=0.1$，同时改变参考图像集大小 K，然后观察不同的组合方案得到的光照估计结果的角度误差中值，实验结果如图 7-7 所示。在 SFU 数据库上，可以看出无论采用哪种融合算法，TPM 特征都是明显优于 CCBTS 特征的，且 RLR 融合算法也优于 CCBTS 融合方法。尤其是当 K 值较大时，这种优势表现得更加明显。此外，Scheme Ⅰ 和 Scheme Ⅱ 的角度误差中值明显高于 TPM_RLR。在 MS 数据库上，RLR 融合算法在提高光照估计准确度上起到了主要作用，且 TPM 特征比 CCBTS 特征略好。总之，TPM 特征和 RLR 融合方法是 TPM_RLR 算法不可或缺的组成部分，这两步都对光照估计效果的提升起着至关重要的作用。

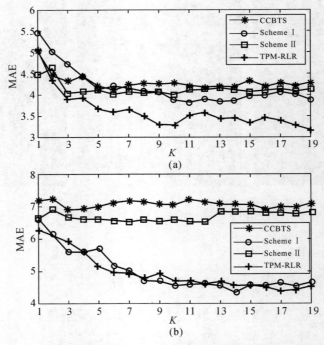

图 7-7　不同合并方案的光照估计结果随参考图像集大小的变化
(a)SFU 数据库；　(b)MS 数据库

　　除了讨论算法的精度以外，算法的计算复杂度也属于需要考虑的范畴。TPM

_RLR 算法的复杂度通常来自三个部分:纹理金字塔特征提取、K 幅参考图像集确定和 RLR 融合方案。对于第一部分来说,可以采用积分直方图(Integral Histogram)加速计算纹理金字塔的边缘响应。从统计学的角度来说,TPM_RLR 算法属于惰性学习(Lazy Learning)。对于一个样本集大小为 N 的数据集,寻找 K 个最近邻的算法复杂度为 $O(KN)$。由于本章实验中的样本集较小,所以搜索时间还可以接受。对于大数据集来说,可以通过高效的索引结构来提高搜索效率。例如,在局部特征匹配时采用最优节点优先(Best Bin First)算法的 K - D 树。在最后的融合阶段,尽管采用式(7 - 14)计算候选算法集的加权权重是不可避免的,但是如果当前测试样本和上一个测试样本比较相似时,就可以直接使用上次的计算结果。

7.5　本 章 小 结

由于现有的单个色彩恒常算法不能在所有图片上都获得很好的光照估计效果,本章研究了如何以更有效的方式来选择或者融合这些算法。本章提出了一种基于纹理金字塔与正则化局部回归(TPM - RLR)的色彩恒常方法,通过基于威布尔分布参数的纹理金字塔来提取图像的纹理特征,能够准确地描述自然图像的全局、局部及其细节纹理统计特性。TPM - RLR 在寻找与待测试图像纹理最相似的参考图像集时,采用一种改进的图像相似性准则,这种匹配方法能单独估计威布尔分布参数 γ, θ 的重要性,因而能找到更有效的参考图像。在最后的融合阶段,TPM - RLR 结合数据驱动的方法和基于先验知识的方法,采用正则化局部回归来为候选算法得到的光照估计结果确定权值。实验结果从客观和主观都证明了 TPM - RLR 方法是有效的,能够有效提高对自然图像光照估计的准确性。

第8章　基于锚定邻域回归的色彩恒常

8.1　引　言

根据在光照估计过程中是否需要一个训练阶段,现有的色彩恒常方法主要分为两类:静态方法和基于学习的方法。静态方法在对场景进行简单假设的基础上,根据图像的底层物理特征或统计分布特性来估计光照方向。例如,灰度世界(Grey - world)算法、White - Patch 算法和 Grey Edge 算法等。此外,导数图像的零阶矩和一阶矩也被用于光照估计,如规范化中心绝对矩(Canonicalized Central Absolute Moment,CCAM)算法和加权灰度边缘(Weighted Grey - Edge)算法。尽管这类算法计算量小、实现速度快,但特定的假设条件限制了算法的通用性。

与静态方法不同,基于学习的方法从大量已知光照的训练集上学习图像的统计特征或相关特征到对应光照值间的映射模型,如贝叶斯方法、支持向量回归(Support Vector Regression,SVR)和薄板样条(Thin Plate Spline,TPS)算法等。此外,一些研究者致力于解决如何有效地将现有的静态算法获得的光照估计结果进行融合以提升算法性能,如基于自然图像统计(Natural Image Statistics,NIS)的色彩恒常融合方法。尽管这些基于学习的方法可以获得比上述静态方法更好的光照估计结果,但这些方法大多通过提取复杂的图像特征或构建精巧的模型来实现光照估计,这将大大增加算法的复杂度。近年来,Finlayson 提出了一种简单的基于修正矩(Corrected Moment)的光照估计方法,该方法仅通过一个矩阵变换来改进灰度世界算法,就获得了可与最复杂的学习方法相媲美的光照估计结果。但是,由于文献[12]中的映射矩阵是在整个训练集上应用最小二乘估计获得的,在求解过程中常会产生较高的方差,最终影响了算法的性能。

8.2　基于颜色边缘矩和锚定邻域回归的色彩恒常算法

　　针对现有算法存在的上述不足,提出一种新的基于学习的色彩恒常方法。该方法采用颜色边缘矩和锚定邻域正则化回归学习一个局部映射模型,不但能提高光照估计精度,且不会消耗太多的预测时间。如图 8-1 所示,在训练阶段,首先提取颜色边缘矩作为场景图像特征,然后在锚定样本的邻域内采用一种迭代的 F-范数正则化回归来学习颜色边缘矩特征与光照间的映射矩阵,并将其储存起来。在测试阶段,用 KNN 找出测试样本的最近邻锚定点后,再用相关的映射矩阵乘以测试样本特征向量就可获得光照值,最后再通过 Von Kries 模型对图像进行颜色校正。

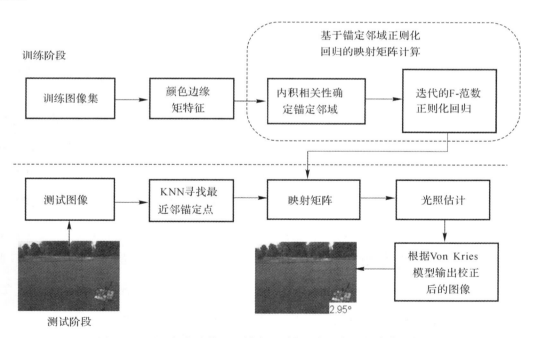

图 8-1　基于颜色边缘矩和锚定正则化回归的色彩恒常算法框图

8.2.1　颜色边缘矩

Grey－Edge 算法证明图像的空间导数结构（如边缘）与光照方向是相关的，利用图像边缘信息进行光照估计比基于原始图像结构的算法具有明显优势。另外，文献采用图像的统计颜色矩来估计光照值，且获得了有竞争力的光照估计结果。为此，本章采用颜色边缘矩来提取图像特征，以捕获场景图像与光照变化无关的内在结构。

给定一幅 RGB 图像 $\boldsymbol{I}(x,y) = [R(x,y)\quad G(x,y)\quad B(x,y)]^{\mathrm{T}}$，对其进行空域变换后的图像可表示为

$$\boldsymbol{I}_f(x,y) = f(\boldsymbol{I}(x,y)) = [R_f(x,y)\quad G_f(x,y)\quad B_f(x,y)]^{\mathrm{T}}$$

其中，(x,y) 表示图像像素点空间坐标；空域变换算子 $f(\cdot) = \partial^n(\cdot)/\partial x^n$ 表示对图像求 n 阶导。广义变换矩定义为

$$M_{rq}^{abc} = \iint x^r y^q [R_f(x,y)]^a [G_f(x,y)]^b [B_f(x,y)]^c \mathrm{d}x\mathrm{d}y \qquad (8-1)$$

式中，M_{rq}^{abc} 是度为 $(r+q)$、阶为 $(a+b+c)$ 的广义变换矩。鉴于矩的空间位置对颜色恒常性计算几乎没有影响，因而只考虑度为 0 的广义变换矩 M_{00}^{abc}。文献[12]证实高阶矩可将通道交叉效应考虑进来，进而获得更好的光照估计效果。因此，本章采用 1～3 阶广义变换矩作为图像的颜色边缘矩特征向量，即

$[M_{00}^{100}\quad M_{00}^{010}\quad M_{00}^{001}\quad M_{00}^{200}\quad \sqrt{M_{00}^{020}}\quad \sqrt{M_{00}^{002}}\quad \sqrt{M_{00}^{110}}\quad \sqrt{M_{00}^{101}}\quad \sqrt{M_{00}^{011}}$

$\sqrt[3]{M_{00}^{300}}\quad \sqrt[3]{M_{00}^{030}}\quad \sqrt[3]{M_{00}^{003}}\quad \sqrt[3]{M_{00}^{120}}\quad \sqrt[3]{M_{00}^{210}}\quad \sqrt[3]{M_{00}^{210}}\quad \sqrt[3]{M_{00}^{012}}\quad \sqrt[3]{M_{00}^{021}}\quad \sqrt[3]{M_{00}^{102}}$

$\sqrt[3]{M_{00}^{201}}\quad \sqrt[3]{M_{00}^{111}}]^{\mathrm{T}}$。改变导数图像 $\nabla^n\boldsymbol{\rho}_\sigma(\boldsymbol{x})$ 的参数 n，就能获得不同的广义变换矩特征，将该特征定义为颜色边缘矩。实验中，所有特征向量都用 l_2 范式进行归一化。

8.2.2　基于锚定邻域正则化回归的映射矩阵计算

对于基于学习的度量学习方法，光照估计问题可转化为从图像的颜色边缘矩特征到光照真值间的映射问题。给定包含 m 个样本的训练集 $\{\boldsymbol{I}_i\}_{i=1}^m$，对应的光照

矩阵为 $\boldsymbol{E} = [\boldsymbol{e}_1 \quad \boldsymbol{e}_2 \quad \cdots \quad \boldsymbol{e}_m] \in \mathbf{R}^{3 \times m}$，该训练集的颜色边缘矩特征矩阵表示为 $\boldsymbol{X} = [\boldsymbol{x}_1 \quad \boldsymbol{x}_2 \quad \cdots \quad \boldsymbol{x}_m] \in \mathbf{R}^{d \times m}$，其中 d 是特征维数。于是，光照估计的模型可以表示为

$$\boldsymbol{E} = \boldsymbol{PX} \tag{8-2}$$

式中，$\boldsymbol{P} \in \mathbf{R}^{3 \times d}$ 为映射矩阵。

尽管可直接采用最小二乘法求解式(8-2)，即在训练数集上求最小均方值来估计映射矩阵，但在求解过程中常会产生较高的方差，最终导致不理想的光照估计结果。为此，本章采用一种基于二次方 F-范式正则化的回归来收缩回归系数。目标函数定义为

$$\hat{\boldsymbol{P}} = \arg \min_{\boldsymbol{P}} \parallel \boldsymbol{PX} - \boldsymbol{E} \parallel^2 + \lambda \parallel \boldsymbol{P} \parallel_F^2 \tag{8-3}$$

式中，λ 是正则化参数。式(8-3)的闭合解为

$$\hat{\boldsymbol{P}} = \boldsymbol{EX}^{\mathrm{T}} (\boldsymbol{XX}^{\mathrm{T}} + \lambda \boldsymbol{I})^{-1} \tag{8-4}$$

给定测试图像的颜色边缘矩特征 $\boldsymbol{y} \in \mathbf{R}^d$，在整个训练集上用映射矩阵 $\hat{\boldsymbol{P}}$ 进行光照估计，其公式为

$$\hat{\boldsymbol{e}} = \hat{\boldsymbol{P}} \boldsymbol{y} \tag{8-5}$$

由于映射矩阵 $\hat{\boldsymbol{P}}$ 可以离线计算并被存储起来，这就意味着在测试阶段将测试样本的特征向量与预先计算好的映射矩阵相乘即可得到光照值。本章将这种在整个训练集上求解映射矩阵的方法称为全局回归(Global Regression, GR)。

然而，基于整个训练集的全局解并不能保证获得最好的光照估计结果。一般情况下，具有相似统计分布的图像有着相似的光照条件。为获得更好的光照估计效果，采用与测试样本最相似的图像集(即邻域)而不是整个训练集来计算映射矩阵。

尽管直接采用 K 近邻(K-Nearest Neighbor, KNN)算法就能从训练集中找到测试样本的邻域，但是这将导致对于每个新的测试样本都需重新计算映射矩阵，从而耗费大量的时间。为解决该问题，将锚定邻域回归(Anchored Neighborhood Regression, ANR)的概念引入式(8-3)中，即通过在训练阶段预先计算并存储映射矩阵来提高测试阶段的运行速度。具体而言，将每一个训练样本

当作一个锚定点(Anchored Point),从训练集中找出该训练样本的 K 个最近邻作为其锚定邻域。式(8-3)可重写为

$$\hat{P}_i = \arg\min_{P_i} \parallel P_i X_i - E_i \parallel^2 + \lambda \parallel P_i \parallel_F^2 \qquad (8-6)$$

式中,X_i 和 P_i 分别是训练样本 x_i 的锚定邻域和对应的映射矩阵;E_i 是 X_i 对应的光照矩阵。本章采用内积作为最近邻搜索的距离度量。训练样本 x_i 的锚定邻域一旦定义好,就可通过式(8-6)得到一个单独的映射矩阵 $\hat{P}_i$。

由于每个样本对目标函数的单独贡献可通过添加一个标量对角矩阵来实现,因而式(8-6)可重写为

$$\{\hat{P}_i, \hat{D}_i\} = \arg\min_{P_i, D_i} \parallel P_i X_i D_i - E_i \parallel^2 + \lambda \parallel P_i \parallel_F^2 \qquad (8-7)$$

式中,D_i 是一个 $K_i \times K_i$ 的标量对角矩阵;K_i 是锚定邻域 X_i 中的样本个数。

尽管式(8-7)定义的目标函数无法直接优化,但是如果固定变量 D_i 或 P_i,则目标函数变为凸函数。为简便起见,本章采用一种迭代的方式轮流优化 D_i 和 P_i,即固定其中一个变量,改变另外一个变量来优化目标函数。将标量矩阵 D_i 初始化为单位矩阵,算法步骤如下:

1)固定 D_i,计算映射矩阵 $P_i^{(t+1)} = E_i (X_i D_i^{(t)})^T [X_i D_i^{(t)} (X_i D_i^{(t)})^T + \lambda I]^{-1}$;

2)固定 P_i,计算对角矩阵 $D_i^{(t+1)} = \mathrm{diag}((X_i P_i^{(t+1)})^+ E_i)$。其中,$(\cdot)^+$ 表示伪逆,$\mathrm{diag}(\cdot)$ 表示将输入矩阵转换为对角阵。

交替重复步骤1)和步骤2),每次迭代得到的新的 D_i 或 P_i 将作为下一次迭代的输入。每一次迭代都为不断降低目标函数下界,交替迭代这两个变量可保证至少获得局部最优解。

8.2.3　光照估计

通过引入锚定邻域的概念,与每个锚定点相关联的映射矩阵 $[\hat{P}_i]_{i=1}^m$ 可在训练阶段计算好并存储起来。对于给定的测试样本 y(特征向量),光照估计过程变为找出最近的训练样本(锚定点)后,再乘以其相关的映射矩阵 $\hat{P}_{nn}$。其公式为

$$\hat{e} = \hat{P}_{nn} y \qquad (8-8)$$

8.3　实验结果与分析

为验证算法的有效性,采用微软剑桥研究院提供的 ColorChecker 数据库[8]以及 Simom Fraser 大学视觉实验室提供的 GreyBall 数据库[14]并进行了实验和评测。每次实验中,将每个数据库随机均分为三份,分别用于训练、验证和测试。每个实验重复 10 次。实验中采用角度误差的中值(Median)、平均值(Mean)和三均值(Tri-mean)作为算法评定标准。为验证所提算法的有效性,将其与现有的相关算法进行比较实验。所比较的算法包括两类:① 静态算法:Grey-World,White-Patch,Grey-Edge,Grey-CCAM(表示为 Grey-World-CCAM 和 Grey-Edge-CCAM)和 Weighted Grey-Edge;② 基于学习的算法:Natural Image Statistics(NIS),Support Vector Regression(SVR),TPS 和 Moment Correction。从实验结果表 8-1 和表 8-2 可以看出,所提算法不仅优于静态方法,而且也明显优于目前比较流行的基于学习的方法。在 ColorChecker 数据库中,所提方法的角度误差均值、中值和三均值比其他算法至少分别降低了 13.63%,10.35% 和 8.69%;在 GreyBall 数据库中,所提算法的角度误差均值、中值和三均值比其他算法至少分别降低了 9.00%,7.44% 和 7.69%。

表 8-1　ColorChecker 数据库上各种色彩恒常方法光照估计结果比较

方　法	Mean	Median	Tri-mean
Grey-World	9.49	8.39	8.64
White-Patch	8.60	6.41	6.96
Grey-Edge	8.20	5.83	6.70
Grey-World-CCAM	8.73	7.25	7.76
Grey-Edge-CCAM	8.38	5.77	6.72
Weighted Grey-Edge	8.34	5.77	6.61
Natural Image Statistics(NIS)	8.15	6.04	6.57

续 表

方　　法	Mean	Median	Tri－mean
Support Vector Regression（SVR）	7.25	5.21	5.79
Thin Plate Spline（TPS）	6.75	5.09	5.46
Moment Correction	6.53	4.54	4.95
Propose（GR）	5.68	4.26	4.59
Proposed（ANR）	5.64	4.07	4.52

表 8－2　GreyBall 数据库上各种色彩恒常方法光照估计结果比较

方　　法	Mean	Median	Tri－mean
Grey－World	8.28	7.61	7.75
White－Patch	7.14	5.89	6.16
Grey－Edge	7.15	6.15	6.33
Grey－World－CCAM	6.82	5.46	5.86
Grey－Edge－CCAM	8.11	6.84	7.12
Weighted Grey－Edge	7.96	6.74	6.81
Natural Image Statistics（NIS）	7.23	5.99	6.27
Support Vector Regression（SVR）	5.17	4.30	4.51
Thin Plate Spline（TPS）	5.61	4.52	4.76
Moment Correction	5.11	3.90	4.16
Proposed（GR）	4.77	3.85	4.01
Proposed（ANR）	4.65	3.61	3.84

图 8-2 给出了 ColorChecker 数据库中部分图像的光照校正结果。所提算法在主观上也是优于相关算法的,且在这五幅实验图像上都表现出了不错的校正效果,光照估计的准确性比较稳定。

本章所提全局方法的计算复杂度主要来自测试样本特征向量和预先计算好的映射矩阵的相乘。对于给定的测试样本,其光照估计时间小于 1 ms。与全局方法相比,局部算法则需要耗费额外的时间为测试样本寻找锚定点。对于一个样本总数为 m 的训练集,最近邻搜索的时间复杂度为 $O(m)$。实验中,局部方法的预测时间小于 500 ms。

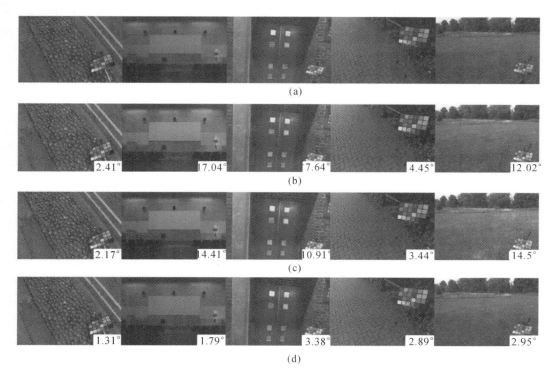

图 8-2　ColorChecker 数据库上图像光照校正的实例比较

(a)原始图像;　(b)TPS 方法校正结果;

(c)Moment Correction 方法校正结果;　(d)所提方法校正结果

8.4 本 章 小 结

为提高光照估计精度同时加快测试阶段的预测速度,本章提出了一种新的基于颜色边缘矩和锚定邻域正则化回归的色彩恒常算法。在训练阶段,首先用不同阶数的颜色边缘矩来表示场景图像,以描述图像与光照变化无关的内在结构。然后,在锚定样本的邻域内采用一种迭代的二次方 F-范数正则化回归来学习颜色边缘矩特征与光照间的映射矩阵。由于与锚定点关联的映射矩阵在训练阶段已被预先计算并存储起来,测试阶段的光照估计过程变为找出测试样本最近的训练样本(锚定点)后,再用相关的映射矩阵与测试样本特征向量相乘。实验结果从客观和主观都证明了该方法是有效的,能够有效提高对自然图像光照估计的准确性。

第9章 基于光照一致性子空间局部回归的色彩恒常

9.1 引　　言

利用图像纹理相似性来估计光照的方法一般都假设:具有相似统计分布特性的自然图像有着相似的光照条件。然而,这种假设并不合理,因为纹理相似的图像往往是受不同光源影响的。为阐明此问题,通过主成分分析(PCA)将图像特征和对应光照投影到二维空间后给出训练图像集的边缘矩特征分布和光照真值分布,如图9-1所示。对比图9-1(a)和(b),可以看出图像特征分布和光照分布存在明显差异。这就意味着特征空间上的近邻图像不在是光照空间上的近邻。为此,采用典型相关分析(Canonical Correlation Analysis,CCA)将图像特征和光照映射到一个光照一致空间,使得图像特征空间和光照空间的相关性被最大化。如图9-1(c)(d)所示,典型相关分析使图像特征和光照的分布在该空间上变得一致。

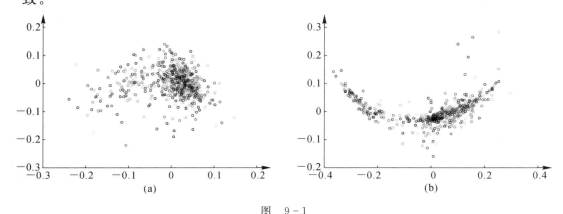

图　9-1

(a)原始空间上边缘矩特征分布;　(b)原始空间上光照真值分布;

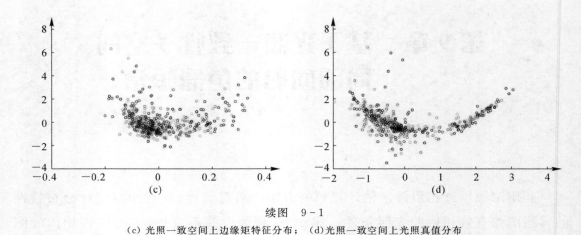

续图 9-1

(c) 光照一致空间上边缘矩特征分布； (d)光照一致空间上光照真值分布

9.2 基于光照一致正则化回归的色彩恒常算法

鉴于图像相似性与相应光照间的一致性在光照估计中的有效性,提出一种基于光照一致正则化回归的色彩恒常算法。首先,提取不同阶数的颜色边缘矩作为场景图像特征。然后,考虑到CCA可以最大化图像特征空间和光照空间之间的相关性,采用CCA将颜色边缘矩特征映射到光照一致性空间。接着,通过高斯混合模型将该空间进一步划分为多个一致性子空间,并采用基于l_2范数的正则化回归学习映射模型。在测试阶段,根据贝叶斯准则将各个子空间上的光照估计结果合并起来作为最终的光照估计值。该算法的流程如图9-2所示。

9.2.1 颜色边缘矩

Grey-Edge算法证明图像的空间导数结构(如边缘)与光照方向是相关的,利用图像边缘信息进行光照估计比基于原始图像结构的算法具有明显优势。另外,文献[6,7,12]采用图像的统计颜色矩来估计光照值,且获得了有竞争力的光照估计结果。为此,本章采用颜色边缘矩来提取图像特征,以捕获场景图像与光照变化无关的内在结构。

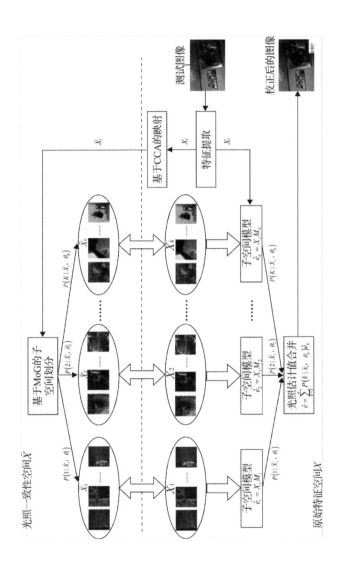

图9-2　基于光照一致正则化回归的色彩恒常算法

给定一幅 RGB 图像 $\boldsymbol{I}(x,y)=[R(x,y)\quad G(x,y)\quad B(x,y)]^{\mathrm{T}}$，对其进行空域变换后的图像可表示为

$$\boldsymbol{I}_f(x,y)=f(\boldsymbol{I}(x,y))=[R_f(x,y)\quad G_f(x,y)\quad B_f(x,y)]^{\mathrm{T}}$$

其中，(x,y) 表示图像像素点空间坐标，空域变换算子 $f(\cdot)=\partial^n(\cdot)/\partial x^n$ 表示对图像求 n 阶导。广义变换矩定义为

$$M_{rq}^{abc}=\iint x^r y^q [R_f(x,y)]^a [G_f(x,y)]^b [B_f(x,y)]^c \mathrm{d}x\mathrm{d}y \qquad (9-1)$$

式中，M_{rq}^{abc} 是度为 $(r+q)$、阶为 $(a+b+c)$ 的广义变换矩。鉴于矩的空间位置对颜色恒常性计算几乎没有影响，因而只考虑度为 0 的广义变换矩 M_{00}^{abc}。文献[12]证实高阶矩可将通道交叉效应考虑进来，进而获得更好的光照估计效果。因此，采用 1 到 3 阶广义变换矩作为图像的颜色边缘矩特征向量，即
$[M_{00}^{100}\quad M_{00}^{010}\quad M_{00}^{001}\quad M_{00}^{200}\quad \sqrt{M_{00}^{020}}\quad \sqrt{M_{00}^{002}}\quad \sqrt{M_{00}^{110}}\quad \sqrt{M_{00}^{101}},\sqrt{M_{00}^{011}}\quad \sqrt[3]{M_{00}^{300}}$
$\sqrt[3]{M_{00}^{030}}\quad \sqrt[3]{M_{00}^{003}}\quad \sqrt[3]{M_{00}^{120}}\quad \sqrt[3]{M_{00}^{210}}\quad \sqrt[3]{M_{00}^{210}}\quad \sqrt[3]{M_{00}^{012}}\quad \sqrt[3]{M_{00}^{021}}\quad \sqrt[3]{M_{00}^{102}}\quad \sqrt[3]{M_{00}^{201}}$
$\sqrt[3]{M_{00}^{111}}]^{\mathrm{T}}$。改变导数图像 $\nabla^n \rho_\sigma(x)$ 的参数 n，就能获得不同的广义变换矩特征，将该特征定义为颜色边缘矩。实验中，所有特征向量都用 l_2 范式进行归一化。

9.2.2　光照一致性空间

由图 9-1 可以看出，采用 CCA 的基向量将颜色边缘矩特征映射到光照一致性空间后，图像特征空间和光照空间之间的分布变得更加一致。给定包含 m 个样本的训练集 $\{\boldsymbol{I}_i\}_{i=1}^m$，对应的光照矩阵为 $\boldsymbol{E}=[\boldsymbol{e}_1\quad \boldsymbol{e}_2\quad \cdots\quad \boldsymbol{e}_m]\in \mathbf{R}^{3\times m}$，该训练集的颜色边缘矩特征矩阵表示为 $\boldsymbol{X}=[\boldsymbol{x}_1\quad \boldsymbol{x}_2\quad \cdots\quad \boldsymbol{x}_m]\in \mathbf{R}^{d\times m}$，其中 d 是特征维数。将 $\boldsymbol{X}$ 和 $\boldsymbol{E}$ 均值中心化，有

$$\begin{aligned}\widetilde{\boldsymbol{X}}&=[\tilde{\boldsymbol{x}}_1\quad \tilde{\boldsymbol{x}}_2\quad \cdots\quad \tilde{\boldsymbol{x}}_m]=[\boldsymbol{x}_1-\bar{\boldsymbol{x}}\quad \boldsymbol{x}_2-\bar{\boldsymbol{x}}\quad \cdots\quad \boldsymbol{x}_m-\bar{\boldsymbol{x}}]\\ \widetilde{\boldsymbol{E}}&=[\tilde{\boldsymbol{e}}_1\quad \tilde{\boldsymbol{e}}_2\quad \cdots\quad \tilde{\boldsymbol{e}}_m]=[\boldsymbol{e}_1-\bar{\boldsymbol{e}}\quad \boldsymbol{e}_2-\bar{\boldsymbol{e}}\quad \cdots\quad \boldsymbol{e}_m-\bar{\boldsymbol{e}}]\end{aligned} \qquad (9-2)$$

式中，$\bar{\boldsymbol{x}}$ 和 $\bar{\boldsymbol{e}}$ 分别是 $\boldsymbol{X}$ 和 $\boldsymbol{E}$ 的均值向量。变换向量 $\boldsymbol{u}$ 和 $\boldsymbol{v}$ 定义为

$$\left.\begin{aligned}\boldsymbol{u}&=\boldsymbol{W}_x^{\mathrm{T}}\widetilde{\boldsymbol{X}}\\ \boldsymbol{v}&=\boldsymbol{W}_e^{\mathrm{T}}\widetilde{\boldsymbol{E}}\end{aligned}\right\} \qquad (9-3)$$

式中，$\boldsymbol{W}_x$ 和 $\boldsymbol{W}_e$ 表示一致性空间上对应的基向量。CCA 旨在寻找基向量 $\boldsymbol{W}_x$ 和

W_e ,使其能最大化 u 和 v 的相关系数：

$$\rho(\boldsymbol{u},\boldsymbol{v}) = \frac{\boldsymbol{W}_x^{\mathrm{T}}\boldsymbol{C}_{XE}\boldsymbol{W}_e}{\sqrt{\boldsymbol{W}_x^{\mathrm{T}}\boldsymbol{C}_{XX}\boldsymbol{W}_x\boldsymbol{W}_e^{\mathrm{T}}\boldsymbol{C}_{EE}\boldsymbol{W}_e}} \qquad (9-4)$$

式中，$\boldsymbol{C}_{XX}=E[\widetilde{\boldsymbol{X}}\widetilde{\boldsymbol{X}}^{\mathrm{T}}]$ 和 $\boldsymbol{C}_{EE}=E[\widetilde{\boldsymbol{E}}\widetilde{\boldsymbol{E}}^{\mathrm{T}}]$ 分别表示 $\widetilde{\boldsymbol{X}}$ 和 $\widetilde{\boldsymbol{E}}$ 的类内协方差矩阵，$\boldsymbol{C}_{XE}=E[\widetilde{\boldsymbol{X}}\widetilde{\boldsymbol{E}}^{\mathrm{T}}]$ 和 $\boldsymbol{C}_{EX}=E[\widetilde{\boldsymbol{E}}\widetilde{\boldsymbol{X}}^{\mathrm{T}}]$ 表示协方差阵。$E[\cdot]$ 表示数学期望。

为确定基向量 $\boldsymbol{W}_x$ 和 $\boldsymbol{W}_e$ ，首先计算：

$$\left.\begin{array}{l}\boldsymbol{R}_1=\boldsymbol{C}_{XX}^{-1}\boldsymbol{C}_{XE}\boldsymbol{C}_{EE}^{-1}\boldsymbol{C}_{EX}\\[2mm]\boldsymbol{R}_2=\boldsymbol{C}_{EE}^{-1}\boldsymbol{C}_{EX}\boldsymbol{C}_{XX}^{-1}\boldsymbol{C}_{XE}\end{array}\right\} \qquad (9-5)$$

显然，$\boldsymbol{R}_1$ 和 $\boldsymbol{R}_2$ 的特征向量分别为基向量 $\boldsymbol{W}_x$ 和 $\boldsymbol{W}_e$ 。用 $\boldsymbol{W}_x$ 和 $\boldsymbol{W}_e$ 可将矩阵 $\boldsymbol{X}$ 和 $\boldsymbol{E}$ 映射到一致性空间，称为光照一致性空间。映射后的数据表示为 $\breve{\boldsymbol{X}}=\{\breve{\boldsymbol{x}}_i\}_{i=1}^m$ 和 $\breve{\boldsymbol{E}}=\{\breve{\boldsymbol{e}}_i\}_{i=1}^m$ 。其中，$\breve{\boldsymbol{x}}_i=\boldsymbol{W}_x^{\mathrm{T}}(\boldsymbol{x}_i-\bar{\boldsymbol{x}})$ ，$\breve{\boldsymbol{e}}_i=\boldsymbol{W}_e^{\mathrm{T}}(\boldsymbol{e}_i-\bar{\boldsymbol{e}})$ 。

将 $\boldsymbol{X}$ 和 $\boldsymbol{E}$ 映射到一致性空间可最大化这两个集合的相关性。在该光照一致性空间上，颜色边缘矩特征分布和光照分布变得更加一致，因而可获得更精确的光照估计结果。

9.2.3　基于混合高斯模型的一致性子空间

为进一步提高光照估计精度，将光照一致空间划分为数个更一致的子空间。从基于模型的角度来看，每个集群在数学上都可以表示为一个参数化分布。因此，整个数据库可看作是这些分布的混合。鉴于混合高斯模型（Mixed of Gaussian，MoG）是最成熟的聚类方法，采用 MoG 来构建更一致的子空间模型。将每个子空间表示为一个参数化的高斯分布，于是聚类过程就变为高斯混合模型的参数估计问题。

对于映射后的数据集 $\breve{\boldsymbol{X}}=\{\breve{\boldsymbol{x}}_i\}_{i=1}^m$ ，高斯混合模型可被描述为 K 个正态分布的加权和：

$$P(\breve{\boldsymbol{x}}\mid\Theta)=\sum_{k=1}^K\alpha_k p_k(\breve{\boldsymbol{x}}\mid\theta_k)=\sum_{k=1}^K\alpha_k\,\mathrm{Norm}_{\breve{x}}[\mu_k,\Sigma_k] \qquad (9-6)$$

式中，$\mathrm{Norm}_{\breve{x}}[\mu_k,\Sigma_k]$ 是由参数 $\theta_k=\{\mu_k,\Sigma_k\}$ 定义的高斯密度函数，μ_k 和 Σ_k 分别表

示第 k 个正态分布的均值和协方差；$\alpha_k > 0$ 且 $\sum\limits_{k=1}^{K} \alpha_k = 1$。

采用最大似然估计（Maximum Likelihood，ML）从数据集 $\{\breve{x}_i\}_{i=1}^{m}$ 估计参数 $\Theta = \{\alpha_k, \mu_k, \Sigma_k\}_{k=1}^{K}$，公式如下：

$$\hat{\Theta} = \arg\max_{\Theta} \sum_{i=1}^{m} \lg P(\breve{x}_i \mid \Theta) = \arg\max_{\Theta} \sum_{i=1}^{m} \lg \sum_{k=1}^{K} \alpha_k \operatorname{Norm}_{\breve{x}}[\mu_k, \Sigma_k] \qquad (9-7)$$

光照一致空间 $\breve{X}$ 被划分为 K 个一致子空间，表示为 $(\breve{X}_1, \breve{X}_2, \cdots, \breve{X}_K)$。将对应的划分准则保持在原始特征空间，于是 X 相应地被划分为 K 个子空间，表示为 $\{X_k\}_{k=1}^{K}$。

9.2.4 原始特征空间中的子空间模型

上述的分析和实验表明，与光照一致的图像相似性有助于提高场景图像和对应光照间的相关性。而对光照一致空间进一步进行子空间划分使得图像特征空间和光照空间更具一致性。接下来，光照估计问题就变为在原始的特征子空间上颜色边缘矩特征和光照值间的映射问题。对一个子空间 X_k，其模型可表示为

$$E_k = M_k X_k \qquad (9-8)$$

式中，$M_k \in \mathbf{R}^{3\times d}$ 是第 k 个子空间 $X_k \in \mathbf{R}^{d\times m_k}$ 的相关矩阵；m_k 是子空间 X_k 中的样本点个数且 $\sum\limits_{k=1}^{K} m_k = m$。

尽管可直接采用最小二乘法求解式（9-8），即在训练数集上求最小均方值来估计映射矩阵，但在求解过程中常会产生较高的方差，最终导致不理想的光照估计结果。为解决此问题，提出采用一种基于 l_2 范式正则化的回归来收缩回归系数。由于每个样本对目标函数的单独贡献可通过添加一个标量对角矩阵来实现，因而目标函数定义为

$$\{\hat{M}_k, \hat{D}_k\} = \arg\min_{M_k, D_k} \| M_k X_k D_k - E_k \|^2 + \lambda \| M_k \|_F^2 \qquad (9-9)$$

式中，D_k 是一个 $m_k \times m_k$ 阶的标量对角矩阵；λ 是正则化参数。一般来说，E_k 按列归一化。

尽管式(9-9)定义的目标函数无法直接优化,但是如果固定变量 $\boldsymbol{D}_k$ 或 $\boldsymbol{M}_k$,则目标函数变为凸函数。为简便起见,采用一种迭代的方式轮流优化 $\boldsymbol{D}_k$ 或 $\boldsymbol{M}_k$,即固定其中一个变量,改变另外一个变量来优化目标函数。将标量矩阵 $\boldsymbol{D}_k$ 初始化为单位矩阵,算法步骤如下:

1) 固定 $\boldsymbol{D}_k$,计算映射矩阵 $\boldsymbol{M}_k^{(t+1)} = \boldsymbol{E}_k (\boldsymbol{X}_k \boldsymbol{D}_k^{(t)})^{\mathrm{T}} [\boldsymbol{X}_k \boldsymbol{D}_k^{(t)} (\boldsymbol{X}_k \boldsymbol{D}_k^{(t)})^{\mathrm{T}} + \lambda \boldsymbol{I}]^{-1}$;

2) 固定 $\boldsymbol{M}_k$,计算对角矩阵 $\boldsymbol{D}_k^{(t+1)} = \mathrm{diag}((\boldsymbol{X}_k \boldsymbol{M}_k^{(t+1)})^+ \boldsymbol{E}_k$。其中,$(\cdot)^{\dagger}$ 表示伪逆,$\mathrm{diag}(\cdot)$ 表示将输入矩阵转换为对角阵。

交替重复步骤1)和步骤2),每次迭代得到的新的 $\boldsymbol{D}_k$ 或 $\boldsymbol{M}_k$ 将作为下一次迭代的输入。每一次迭代都为不断降低目标函数下界,交替迭代这两个变量可保证至少获得局部最优解。标量对角阵 $\boldsymbol{D}_k$ 中的元素表示第 k 个子空间内的每个样本点的贡献,如图 9-3 所示。

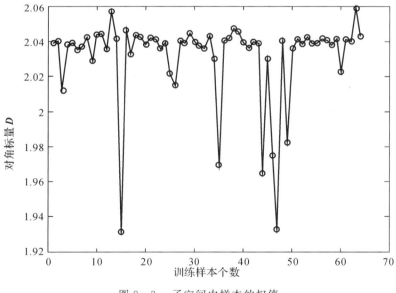

图 9-3　子空间内样本的权值

9.2.5　光照估计

给定一幅测试图像,在每个一致性子空间用相应的相关矩阵估计光照:

$$\hat{\pmb{e}}_k = \hat{\pmb{M}}_k \pmb{x}_t \tag{9-10}$$

式中，$\pmb{x}_t$ 是测试图像的边缘矩特征；$\pmb{M}_k$ 是第 k 个子空间的相关矩阵。根据贝叶斯准则，$\breve{\pmb{x}}_t$ 属于第 k 个子空间的后验概率为

$$P(k \mid \breve{\pmb{x}}_t, \theta_k) = \frac{\alpha_k p_k(\breve{\pmb{x}}_t \mid \theta_k)}{\sum_{k=1}^{K} \alpha_k p_k(\breve{\pmb{x}}_t \mid \theta_k)} \tag{9-11}$$

可直接用 MoG 获得的参数求解式（9-11）。最后，测试图像的光照估计结果为

$$\hat{\pmb{e}} = \sum_{k=1}^{K} P(k \mid \breve{\pmb{x}}_t, \theta_k) \hat{\pmb{e}}_k \tag{9-12}$$

9.3 实验结果与分析

9.3.1 实验数据集与参数设置

为了验证算法的有效性，采用微软剑桥研究院提供的 ColorChecker 数据库和 Simom Fraser 大学视觉实验室提供的 GreyBall 数据库进行了实验和评测。每次实验中，将每个数据库随机均分为三份，分别用于训练、验证和测试。每个实验被重复 10 次。实验中采用角度误差的中值、平均值和三均值作为算法评定标准。为验证所提算法的有效性，将其与现有的相关算法进行比较实验。所比较的算法包括两类：①静态算法：Grey-World，White-Patch，Grey-Edge，Grey-CCAM（表示为 Grey-World-CCAM 和 Grey-Edge-CCAM）[6] 和 Weighted Grey-Edge；② 基于学习的算法：Natural Image Statistics（NIS），Support Vector Regression（SVR），TPS 和 Moment Correction。

9.3.2 ColorChecker 数据库上的实验结果

表 9-1 给出了不同色彩恒常算法的实验结果。不难看出，所提算法不仅优于静态方法，而且也明显优于目前比较流行的基于学习的方法。所提方法的角度误差均值、中值和三均值比其他算法至少分别降低了 15.47%，12.78% 和 13.33%。

表 9 - 1　ColorChecker 数据库上各种色彩恒常方法光照估计结果比较

方　法	Mean	Median	Tri - mean
Grey - World	9.49	8.39	8.64
White - Patch	8.60	6.41	6.96
Grey - Edge	8.20	5.83	6.70
Grey - World - CCAM	8.73	7.25	7.76
Grey - Edge - CCAM	8.38	5.77	6.72
Weighted Grey - Edge	8.34	5.77	6.61
Natural Image Statistics (NIS)	8.15	6.04	6.57
Support Vector Regression (SVR)	7.25	5.21	5.79
Thin Plate Spline (TPS)	6.75	5.09	5.46
Moment Correction	6.53	4.54	4.95
Proposed	5.52	3.96	4.29

9.3.3　GreyBall 数据库上的实验结果

表 9 - 2 给出了不同色彩恒常算法的实验结果。在 GreyBall 数据库中,所提算法的角度误差均值、中值和三均值比其他算法至少分别降低了 7.05%,6.15% 和 6.27%。

表 9 - 2　GreyBall 数据库上各种色彩恒常方法光照估计结果比较

方　法	Mean	Median	Tri - mean
Grey - World	8.28	7.61	7.75
White - Patch	7.14	5.89	6.16
Grey - Edge	7.15	6.15	6.33
Grey - World - CCAM	6.82	5.46	5.86
Grey - Edge - CCAM	8.11	6.84	7.12
Weighted Grey - Edge	7.96	6.74	6.81
Natural Image Statistics (NIS)	7.23	5.99	6.27

续 表

方　法	Mean	Median	Tri - mean
Support Vector Regression （SVR）	5.17	4.30	4.51
Thin Plate Spline （TPS）	5.61	4.52	4.76
Moment Correction	5.11	3.90	4.16
Proposed	4.75	3.66	3.89

　　如图 9 - 4 所示为 ColorChecker 数据库中部分图像的光照校正结果。所提算法在主观上也是优于相关算法的，且在这五幅实验图像上都表现出了不错的校正效果，光照估计的准确性比较稳定。

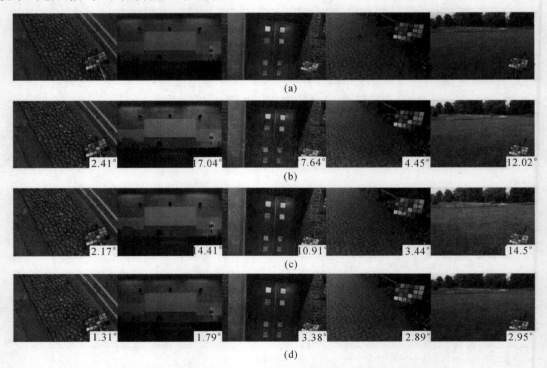

图 9 - 4　ColorChecker 数据库上图像光照校正的实例比较

(a)原始图像；　(b)TPS 方法校正结果；　(c)Moment Correction 方法校正结果；　(d)所提方法校正结果

9.3.4　跨数据集评估

为进一步评估算法的推广性能,进行了跨数据集算法评估实验,结果见表 9-3。由表 9-3 可看出,跨数据集上的各种方法的实验结果普遍变差,但所提算法的表现仍是最优的。

表 9-3　跨数据集上不同方法的光照估计结果比较

方　法	GrayBall - ColorChecker			Original - ColorChecker			Mixed		
	Mean	Median	Tri - mean	Mean	Median	Tri - mean	Mean	Median	Tri - mean
SVR	8.15	6.56	7.06	8.48	6.83	7.26	6.80	4.91	5.44
TPS	8.17	6.56	6.95	8.50	7.15	7.41	5.93	4.44	4.81
Moment Correction	7.97	6.04	6.54	7.55	6.29	6.47	5.71	4.36	4.71
Proposed	7.41	5.87	6.29	7.51	6.23	6.43	5.46	4.06	4.44

9.3.5　算法进一步分析

图 9-5 给出了在三个数据集上所提方法的边缘矩阶数 n 取不同值时的光照估计结果比较。可以看出,当 n 为 1 时,可获得较好的光照估计结果。图 9-6 给出了在原始空间和光照一致空间上的光照估计结果比较。图 9-7 给出了在一致性空间和子空间上的光照估计结果比较。由图 9-6 和图 9-7 可知,光照一致性空间和子空间确实能提高光照估计精度。

9.4　本　章　小　结

通过实验发现,用 CCA 将图像特征和光照映射到光照一致空间,使得图像特征和光照的分布在该空间上变得更加一致。基于此发现,提出基于光照一致正则化回归的色彩恒常算法。首先,提取不同阶数的颜色边缘矩作为场景图像特征,再用 CCA 将图像特征映射到光照一致性空间。然后,通过高斯混合模型将该空间进一步划分为多个子空间,并采用基于 l_2 范数的正则化回归学习映射模型。在测试阶段,根据后验概率将各个子空间上的光照估计结果合并起来。实验结果从客观和主观都证明了该方法是有效的,能够有效提高对自然图像光照估计的准确性。此外,实验还证实了光照一致性空间和子空间确实有助于提高光照估计精度。

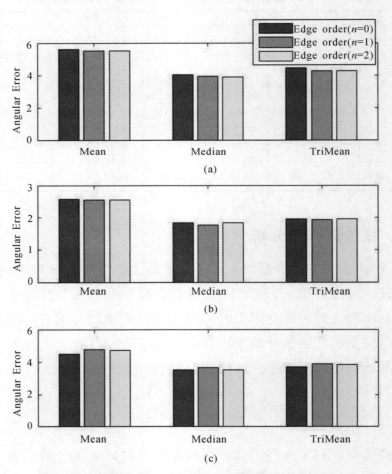

图 9-5 边缘矩阶数 n 取不同值时的光照估计结果比较

(a)原始的 ColorChecker 数据集; (b)处理过的 ColorChecker 数据集; (c)GrayBall 数据集

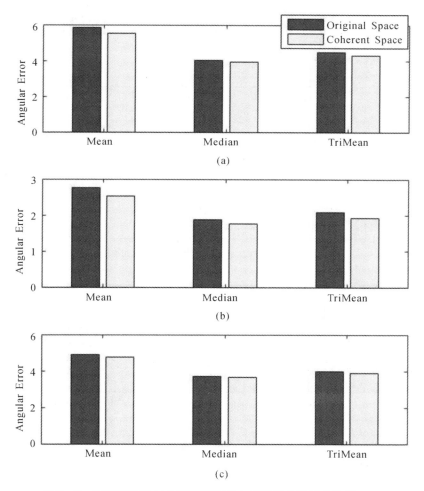

图 9-6　在原始空间和光照一致空间上的光照估计结果比较

(a)原始的 ColorChecker 数据集；　(b)处理过的 ColorChecker 数据集；　(c)GrayBall 数据集

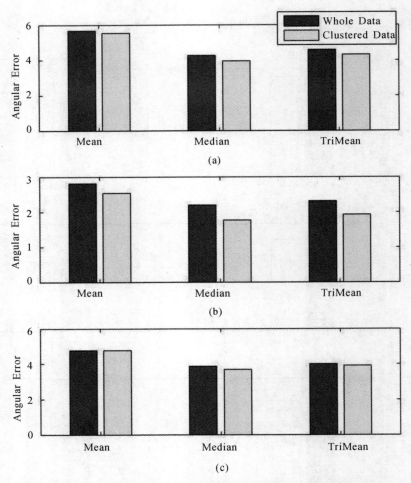

图 9-7 在一致性空间和子空间上的光照估计结果比较
(a)原始的 ColorChecker 数据集； (b)处理过的 ColorChecker 数据集； (c)GrayBall 数据集

参 考 文 献

[1] WRIGHT J, YANG A Y, GENESH A. Robust Face Recognition Via Sparse Recognition [J]. IEEE Trans. Pattern Analysis and Machine Intelligence, 2009, 31(2): 210 − 227.

[2] ZHANG L, YANG M, FENG X. Sparse Representation or Collaborative Representation: Which Helps Face Recognition? proceedings of IEEE International Conference on Computer Vision, Barcelona, Spain, November 6 − 13, 2011[C]. IEEE, 2011.

[3] XU J, YANG J. Mean Representation Based Classifier with its Applications [J]. Electronics Letters, 2011, 47(18): 1024 − 1026.

[4] WEI C, CHAO Y, YEH Y, et al. Locality − sensitive Dictionary Learning for Sparse Representation Based Classification[J]. Pattern Recognition, 2013, 46(5): 1277 − 1287.

[5] MAJUMDAR A, WARD A. Robust Classifiers for Data Reduced Via Random Projections[J]. IEEE Trans. Systems, Man and Cybernetics, Part B: Cybernetics, 2010, 40(5): 1359 − 1371.

[6] XU Y, ZHANG D, YANG J, et al. A two-phase Test Sample Sparse Representation Method for Use with Face Recognition[J]. IEEE Trans. Circuits and Systems for Video Technology, 2011, 21(9): 1255 − 1262.

[7] MARTIN KöSTINGER, HIRZER M, WOHLHART P, et al. Large Scale Metric Learning from Equivalence Constraints: proceedings of IEEE International Conference on Computer Vision and Pattern Recognition, Providence, USA, June 16 − 21, 2012[C]. IEEE, 2012.

[8] WANGF, ZUO W, ZHANG L, et al. A Kernel Classification Framework for Metric Learning [J]. IEEE Transactions on Neural Networks and

Learning Systems，2015，26(9):1950 - 1962.

[9] CHENG D S, CRISTANI M, STOPPA M, et al. Custom Pictorial Structures for Reidentification: proceedings of the British Machine Vision Conference, Dundee, UK, August 29 - September 2, 2011[C]. BMVA press, 2011.

[10] BALTIERI D, VEZZANI R, CUCCHIARA R. 3dpes: 3d People Dataset for Surveillance and Forensics proceedings of the 2011 joint ACM Workshop on Human Gesture and Behavior Understanding, Scottsdale, USA, November 28 - December 1, 2011[C]. Association for Computing Machinery, 2011.

[11] TAO D P, JIN L W, WANG Y F, et al. Person re-identification by Regularized Smoothing Kiss Metric Learning[J], IEEE Trans. Circ. Syst. Vid. ,2013,23:1675 - 1685.

[12] XIONG F, GOU M R, CAMPS O, et al. Person re-identification Using Kernel - based Metric Learning Methods: proceedings of European Conference on Computer Vision, Zurich, Switzerland, September 6 - 12, 2014[C]. Springer, 2014.

[13] MENSINK T, VERBEEK J, PERRONNIN F, et al. Distance-based Image Classification: Generalizing to New Classes at Near-zero Cost[J], IEEE Trans. Pattern Anal. Mach. Intell. ,2013,35:2624 - 2637.

[14] WEINBERGER K Q, SAUL L K. Distance Metric Learning for Large Margin Nearest Neighbor Classification[J]. J. Mach. Learn. Res. ,2009, 10:207 - 244.

[15] YAO B H, ZHAO Z C, LIU K. Metric Learning with Trace-norm Regularization for Person re-identification: proceedings of IEEE International Conference on Image Processing, Paris, France, October 27 - 31, 2014[C]. IEEE, 2014.

[16] DAVIS J V, KULIS B, JAIN P, et al. Information-theoretic Metric Learning:proceedings of the Twenty—Fourth International Conference on Machine Learning, Corvallis, USA June 20 – 24, 2007[C]. Omnipress , 2007.

[17] SHI Y, BELLET A, SHA F. Sparse Compositional Metric Learning: proceedings of the Twenty — Eighth AAAI Conference on Artificial Intelligence, Québec, Canada, July 27 – 31, 2014[C]. AAAI press, 2014.

[18] LIAO S, HU Y, ZHU X, et al. Person Reidentification by Local Maximal Occurrence Representation and Metric Learning: proceedings of IEEE International Conference on Computer Vision and Pattern Recognition, Boston, USA, June 7 – 12, 2015[C]. IEEE, 2015.

[19] YING X, HOU L, HOU Y, et al. Canonicalized Central Absolute Moment for Edge – based Color Constancy: proceedings of IEEE International Conference on Computer Vision, Sidney, Australia, December 1 – 8, 2013 [C]. IEEE, 2013.

[20] GIJSENIJ, GEVERS T, VAN DE WEIJER J. Improving Color Constancy by Photometric Edge Weighting[J]. IEEE Trans. Pattern Analysis and Machine Intelligence,2012,34(5):918 – 929.

[21] GEHLER P V, ROTHER C, BLAKE A, et al. Bayesian Color Constancy Revisited: proceedings of IEEE International Conference on Computer Vision and Pattern Recognition, Anchorage, USA, June 23 – 28, 2008 [C]. IEEE, 2008.

[22] XIONG W, FUNT B. Estimating Illumination Chromaticity Via Support Vector Regression[J]. Journal of Imaging Science and Technology,2006, 50(4):341 – 348.

[23] SHI L, XIONG W, FUNT B. Illuminant Estimation Via Thin-plate Spline Interpolation[J]. Journal of the Optical Society of America A,2011,28

(5):940 - 948.

[24] GIJSENIJ,GEVERS T. Color Constancy Using Natural Image Statistics and Scene Statistics[J]. IEEE Trans. Pattern Analysis and Machine Intelligence,2011,33(4):687 - 698.

[25] FINLAYSON G G. Corrected-moment Illuminant Estimation:proceedings of IEEE International Conference on Computer Vision, Sidney, Australia, December 1 - 8, 2013[C]. IEEE, 2013.

[26] TIMOFTE R,DE SMET V, VAN GOOL L. Anchored Neighborhood Regression for Fast Example-based Super-resolution:proceedings of IEEE International Conference on Computer Vision, Sidney, Australia, December 1 - 8, 2013[C]. IEEE,2013.

[27] CIUREA F, FUNT B. A Large Image Database for Colour Constancy Research:proceedings of the Imaging Science and Technology Eleventh Color Imaging Conference, Scottsdale, USA, November 5 - 7, 2003[C]. Society for Imaging Science and Technology, 2003.